U0774169

高等职业教育公共基础课新形态教材

线性代数

胡　煜　主　编

吴立炎　李惠珠　傅秀莲　刘　芳　副主编

電子工業出版社

Publishing House of Electronics Industry

北京 • BEIJING

内 容 简 介

本书在总结多年教学实践经验的基础上编写而成，主要内容包括行列式、矩阵、线性方程组、相似矩阵。全书内容简洁、突出实用性，同时注重数学知识与具体专业的结合。本书每章后都附带复习题，本书的最后附有参考答案。

本书可作为高等职业院校的教材，也可作为成人高校和应用型本科相关专业的教材。

图书在版编目（CIP）数据

线性代数 / 胡煜主编. —北京：电子工业出版社，2021.5

ISBN 978-7-121-41155-7

Ⅰ. ①线… Ⅱ. ①胡… Ⅲ. ①线性代数—高等学校—教材 Ⅳ. ①O151.2

中国版本图书馆 CIP 数据核字（2021）第 087251 号

责任编辑：朱怀永　　特约编辑：田学清
印　　刷：北京七彩京通数码快印有限公司
装　　订：北京七彩京通数码快印有限公司
出版发行：电子工业出版社
　　　　　北京市海淀区万寿路 173 信箱　　邮编：100036
开　　本：787×1 092　1/16　　印张：7.75　　字数：198 千字
版　　次：2021 年 5 月第 1 版
印　　次：2024 年 2 月第 3 次印刷
定　　价：28.80 元

凡所购买电子工业出版社图书有缺损问题，请向购买书店调换。若书店售缺，请与本社发行部联系，联系及邮购电话：（010）88254888，88258888。

质量投诉请发邮件至 zlts@phei.com.cn，盗版侵权举报请发邮件至 dbqq@phei.com.cn。

本书咨询联系方式：（010）88254608，zhy@phei.com.cn。

前　言

本书依据高等职业教育人才培养目标并在总结多年实践教学经验的基础上编写而成.

在编写过程中，编者团队立足高职特色，以应用为目的，本着“联系实际、淡化概念、加强应用”的教学原则，强调数学概念与实际问题的联系. 本书不强调灌输数学逻辑的严密性、思维的严谨性，不追求复杂的计算和变换，而重视数学应用意识，以培养学生灵活运用知识和解决问题、分析问题的能力. 编写内容力求简洁易懂、突出实用性，教师在教学中可根据专业和学时区别在内容上有所取舍. 本书充分考虑高职、高专学生的数学基础，在处理复杂的高等数学计算问题时，简要介绍了 Mathematica 数学软件的使用方法，以帮助学生更好地理解相关概念和理论.

本书的最后附有参考答案，可供学习者参考. 同时，部分习题配有视频解答，学习者可扫描二维码后观看.

对于本书中标有*的内容，可依据实际情况灵活掌握，另行安排学习.

本书由广东工贸职业技术学院胡煜担任主编，吴立炎、李惠珠、傅秀莲、刘芳担任副主编，编者均来自教学第一线，并有多年的教学经验.

限于编者水平有限，书中不妥之处在所难免，敬请广大读者批评指正.

编　者

2020.9

目　录

第 1 章 行列式

行列式是线性代数的基础部分.本章从解线性（一次）方程组的问题中引入二阶、三阶行列式的定义，在此基础上，引出 n 阶行列式的概念，并且介绍行列式的性质，讨论行列式的计算方法，给出用行列式解线性方程组的克莱姆法则.

1.1 行列式的概念

1.1.1 二阶行列式

设有二元一次方程组：

$$\begin{cases} a_{11}x_1 + a_{12}x_2 = b_1 \\ a_{21}x_1 + a_{22}x_2 = b_2 \end{cases} \tag{1-1}$$

用消元法易得其解：

$$x_1 = \frac{b_1a_{22} - b_2a_{12}}{a_{11}a_{22} - a_{12}a_{21}}$$

$$x_2 = \frac{b_2a_{11} - b_1a_{21}}{a_{11}a_{22} - a_{12}a_{21}}$$

从解的形式中我们可以看出，分母是由未知项的系数交叉相乘再求差组成的，而分子是由其中一个未知项的系数与常数项交叉相乘再求差组成的.

为方便记忆及应用，引进符号$\begin{vmatrix} a_{11} & a_{12} \\ a_{21} & a_{22} \end{vmatrix}$，表示算式 $a_{11}a_{22}-a_{12}a_{21}$，称为二阶行列式，即

$$\begin{vmatrix} a_{11} & a_{12} \\ a_{21} & a_{22} \end{vmatrix} = a_{11}a_{22} - a_{12}a_{21} \tag{1-2}$$

式中，$a_{ij}\ (i,j=1,2)$ 称为行列式的元素，横排为行，纵排为列. a_{ij} 的第一个下标 i 表示所在行，叫作行指标；第二个下标 j 表示所在列，叫作列指标. a_{ij} 就是第 i 行与第 j 列交叉位置的元素.此外，从左上角到右下角的对角线叫作主对角线.我们常用大写字母 D,D_1,D_2 等表示行列式，如

$$D=\begin{vmatrix} a_{11} & a_{12} \\ a_{21} & a_{22} \end{vmatrix}=a_{11}a_{22}-a_{12}a_{21}$$

称为二元一次方程组式（1-1）的系数行列式.

同理记

$$D_1=\begin{vmatrix} b_1 & a_{12} \\ b_2 & a_{22} \end{vmatrix}=b_1a_{22}-b_2a_{12}$$

$$D_2=\begin{vmatrix} a_{11} & b_1 \\ a_{21} & b_2 \end{vmatrix}=b_2a_{11}-b_1a_{21}$$

则当 $D\neq 0$ 时，式（1-1）的解可记为

$$x_1=\frac{D_1}{D}$$

$$x_2=\frac{D_2}{D}$$

可用如图 1-1 所示的方法记忆，即实线上的两个元素的乘积减去虚线上两个元素的乘积.

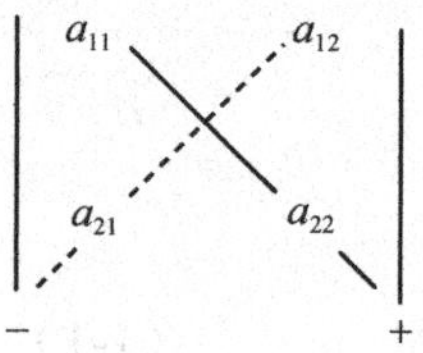

图 1-1

例 1-1 求下列各二阶行列式的值.

（1）$\begin{vmatrix} 1 & 4 \\ 3 & -2 \end{vmatrix}$；（2）$\begin{vmatrix} \sin x & -\cos x \\ \cos x & \sin x \end{vmatrix}$.

解 （1）$\begin{vmatrix} 1 & 4 \\ 3 & -2 \end{vmatrix}=1\times(-2)-3\times 4=-14$

（2）$\begin{vmatrix} \sin x & -\cos x \\ \cos x & \sin x \end{vmatrix}=\sin^2 x-(-\cos^2 x)=1$

例 1-2 解二元线性方程组 $\begin{cases} 2x_1-3x_2=9 \\ 4x_1-\ x_2=8 \end{cases}$.

解 因为

$$D=\begin{vmatrix} 2 & -3 \\ 4 & -1 \end{vmatrix}=2\times(-1)-4\times(-3)=10$$

$$D_1=\begin{vmatrix} 9 & -3 \\ 8 & -1 \end{vmatrix}=9\times(-1)-8\times(-3)=15$$

$$D_2=\begin{vmatrix} 2 & 9 \\ 4 & 8 \end{vmatrix}=2\times 8-4\times 9=-20$$

所以方程组的解是

$$\begin{cases} x_1=\dfrac{D_1}{D}=1.5 \\ x_2=\dfrac{D_2}{D}=-2 \end{cases}$$

1.1.2　三阶行列式

我们引进符号 $D=\begin{vmatrix} a_{11} & a_{12} & a_{13} \\ a_{21} & a_{22} & a_{23} \\ a_{31} & a_{32} & a_{33} \end{vmatrix}$，称为三阶行列式，它表示算式

$$D=a_{11}a_{22}a_{33}+a_{21}a_{32}a_{13}+a_{31}a_{12}a_{23}-a_{31}a_{22}a_{13}-a_{21}a_{12}a_{33}-a_{11}a_{32}a_{23}$$

可用如图 1-2 所示的方法记忆.其中各实线上的三个元素之积取正号，各虚线上的三个元素之积取负号，这种展开法叫作对角线展开法.从左上角到右下角的对角线叫作主对角线，从右上角到左下角的对角线叫作次对角线.

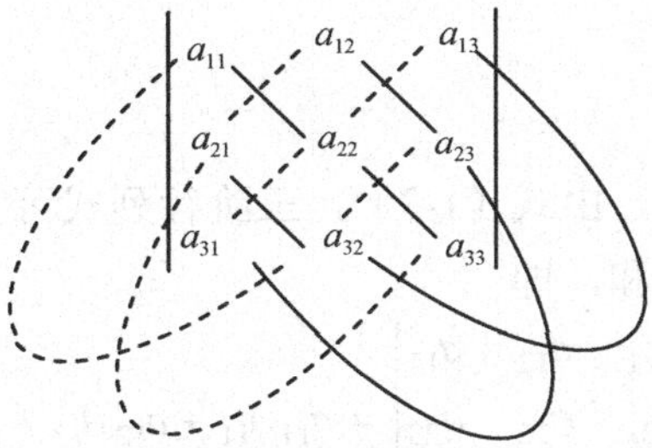

图 1-2

例 1-3　求三阶行列式 $\begin{vmatrix} 1 & 3 & -1 \\ 0 & 1 & 2 \\ 2 & 4 & 3 \end{vmatrix}$ 的值.

解 $\begin{vmatrix} 1 & 3 & -1 \\ 0 & 1 & 2 \\ 2 & 4 & 3 \end{vmatrix}$

$$=1\times1\times3+3\times2\times2+(-1)\times4\times0-2\times1\times(-1)-0\times3\times3-1\times2\times4=9$$

1.1.3　n 阶行列式

前面，我们给出了二阶和三阶行列式的定义.三阶以上的行列式如何定义呢？我们不妨回过头来再看一看三阶行列式.

$$\begin{aligned} D&=\begin{vmatrix} a_{11} & a_{12} & a_{13} \\ a_{21} & a_{22} & a_{23} \\ a_{31} & a_{32} & a_{33} \end{vmatrix} \\ &=a_{11}a_{22}a_{33}+a_{21}a_{32}a_{13}+a_{31}a_{12}a_{23}-a_{31}a_{22}a_{13}-a_{21}a_{12}a_{33}-a_{11}a_{32}a_{23} \\ &=a_{11}(a_{22}a_{33}-a_{32}a_{23})-a_{12}(a_{21}a_{33}-a_{23}a_{31})+a_{13}(a_{21}a_{32}-a_{22}a_{31}) \\ &=(-1)^{1+1}a_{11}\begin{vmatrix} a_{22} & a_{23} \\ a_{32} & a_{33} \end{vmatrix}+(-1)^{1+2}a_{12}\begin{vmatrix} a_{21} & a_{23} \\ a_{31} & a_{33} \end{vmatrix}+(-1)^{1+3}a_{13}\begin{vmatrix} a_{21} & a_{22} \\ a_{31} & a_{32} \end{vmatrix} \end{aligned} \tag{1-3}$$

一个三阶行列式可化为它的第一行的每个元素与其对应的二阶行列式的乘积之和的形

式.这就意味着三阶行列式可化为二阶行列式来计算.利用这个特点可以定义四阶行列式、五阶行列式……

为此，先引入余子式和代数余子式的概念.

定义 1 在一个行列式中，去掉元素 a_{ij} 所在行和列，其余各元素按照原来的相对位置排列而成的低一阶行列式称为元素 a_{ij} 的余子式，记作 D_{ij} .若在 D_{ij} 的前面添加符号 $(-1)^{i+j}$ ，则称为元素 a_{ij} 的代数余子式，记作 A_{ij} ，即 $A_{ij}=(-1)^{i+j}D_{ij}$.

例如，在三阶行列式 $D=\begin{vmatrix} a_{11} & a_{12} & a_{13} \\ a_{21} & a_{22} & a_{23} \\ a_{31} & a_{32} & a_{33} \end{vmatrix}$ 中，a_{12} 的余子式 $D_{12}=\begin{vmatrix} a_{21} & a_{23} \\ a_{31} & a_{33} \end{vmatrix}$，$a_{12}$ 的代数余子式 $A_{12}=(-1)^{1+2}\begin{vmatrix} a_{21} & a_{23} \\ a_{31} & a_{33} \end{vmatrix}$.

引入代数余子式的概念后，由式（1-3），三阶行列式可表示为它的第一行的每个元素与其对应的代数余子式乘积之和，即

$$D=\begin{vmatrix} a_{11} & a_{12} & a_{13} \\ a_{21} & a_{22} & a_{23} \\ a_{31} & a_{32} & a_{33} \end{vmatrix}=a_{11}A_{11}+a_{12}A_{12}+a_{13}A_{13}$$

以此类推，可得到四阶、五阶直至 n 阶行列式的定义.

定义 2 n^2 个元素排列成 n 行 n 列的形式表示一个算式，记为 D ，即

$$D=\begin{vmatrix} a_{11} & a_{12} & \cdots & a_{1n} \\ a_{21} & a_{22} & \cdots & a_{2n} \\ \vdots & \vdots & & \vdots \\ a_{n1} & a_{n2} & \cdots & a_{nn} \end{vmatrix}$$

称为 n 阶行列式.当 $n=1$ 时，$D=|a_{11}|=a_{11}$ ；当 $n=2$ 时，$\begin{vmatrix} a_{11} & a_{12} \\ a_{21} & a_{22} \end{vmatrix}=a_{11}a_{22}-a_{12}a_{21}$ ；当 $n>2$ 时，假设 $n-1$ 阶行列式已经定义，那么 n 阶行列式为

$$D=a_{11}A_{11}+a_{12}A_{12}+\cdots+a_{1n}A_{1n}=\sum_{j=1}^{n}a_{1j}A_{1j}$$

例 1-4 计算四阶行列式 $D=\begin{vmatrix} 2 & 0 & 0 & 4 \\ 1 & 2 & -1 & 1 \\ 3 & 1 & 1 & 2 \\ 0 & 3 & 1 & 2 \end{vmatrix}$ 的值.

解 $D=\begin{vmatrix} 2 & 0 & 0 & 4 \\ 1 & 2 & -1 & 1 \\ 3 & 1 & 1 & 2 \\ 0 & 3 & 1 & 2 \end{vmatrix}=2\times(-1)^{1+1}\begin{vmatrix} 2 & -1 & 1 \\ 1 & 1 & 2 \\ 3 & 1 & 2 \end{vmatrix}+4\times(-1)^{1+4}\begin{vmatrix} 1 & 2 & -1 \\ 3 & 1 & 1 \\ 0 & 3 & 1 \end{vmatrix}$

$=2\times(-6)-4\times(-17)=56$

例 1-5　计算行列式 $D=\begin{vmatrix} 2 & 0 & 0 & -4 \\ 7 & -1 & 0 & 5 \\ -2 & 6 & 1 & 0 \\ 8 & 4 & -3 & -5 \end{vmatrix}$ 的值.

解　$D=2\times(-1)^{1+1}\begin{vmatrix} -1 & 0 & 5 \\ 6 & 1 & 0 \\ 4 & -3 & -5 \end{vmatrix}+(-4)\times(-1)^{1+4}\begin{vmatrix} 7 & -1 & 0 \\ -2 & 6 & 1 \\ 8 & 4 & -3 \end{vmatrix}$

$$=2\times(-105)+4\times(-156)=-834$$

规定由一个元素 a 组成的行列式 $|a|$ 是 a 本身.

习题 1.1

1. 求下列各行列式的值.

（1）$\begin{vmatrix} 1+\sqrt{2} & 2-\sqrt{3} \\ 2+\sqrt{3} & 1-\sqrt{2} \end{vmatrix}$；　　（2）$\begin{vmatrix} \cos15^\circ & \sin75^\circ \\ \sin15^\circ & \cos75^\circ \end{vmatrix}$；

（3）$\begin{vmatrix} a & 3 & 5 \\ 0 & b & -1 \\ 0 & 0 & c \end{vmatrix}$；　　（4）$\begin{vmatrix} 0 & -\cos\alpha & \cos\beta \\ -\cos\alpha & 0 & \cos\gamma \\ -\cos\beta & \cos\gamma & 0 \end{vmatrix}$.

2. 验证下列各式.

（1）$\begin{vmatrix} a_{11} & a_{12} & a_{13} \\ a_{21} & a_{22} & a_{23} \\ a_{31} & a_{32} & a_{33} \end{vmatrix}=\begin{vmatrix} a_{11} & a_{21} & a_{31} \\ a_{12} & a_{22} & a_{32} \\ a_{13} & a_{23} & a_{33} \end{vmatrix}$；

（2）$\begin{vmatrix} a_{11} & a_{12} & a_{13} \\ a_{21} & a_{22} & a_{23} \\ a_{31} & a_{32} & a_{33} \end{vmatrix}=a_{11}\begin{vmatrix} a_{22} & a_{23} \\ a_{32} & a_{33} \end{vmatrix}-a_{21}\begin{vmatrix} a_{12} & a_{13} \\ a_{32} & a_{33} \end{vmatrix}+a_{31}\begin{vmatrix} a_{12} & a_{13} \\ a_{22} & a_{23} \end{vmatrix}$.

3. 已知 $D=\begin{vmatrix} 1 & 2 & -1 & 3 \\ 3 & -5 & 0 & -4 \\ -8 & 4 & 0 & 11 \\ 2 & 5 & 0 & 7 \end{vmatrix}$，求 A_{11},A_{41},A_{44}.

4. 用行列式解下列方程组.

（1）$\begin{cases} x_1+3x_2+x_3=5 \\ x_1+x_2+3x_3=-3 \\ 2x_1+3x_2-3x_3=14 \end{cases}$；　　（2）$\begin{cases} ax_1+bx_2=-1 \\ bx_2-x_3=a \\ ax_1-x_3=b \end{cases}$，其中 $ab\neq0$.

1.2 行列式的性质

利用对角线展开法可以证明三阶行列式具有以下性质，这些性质对于n阶行列式也是成立的.行列式的一系列性质能使行列式的计算简化.

性质 1 行列式的行与相应的列互换，行列式的值不变，即行列式与它的转置行列式相等.例如，

$$D=\begin{vmatrix} 2 & 1 & 2 \\ -4 & 3 & 1 \\ 1 & 1 & 2 \end{vmatrix},\quad D'=\begin{vmatrix} 2 & -4 & 1 \\ 1 & 3 & 1 \\ 2 & 1 & 2 \end{vmatrix}.$$

即

$$D=D^{\mathrm{T}}$$

显然，$\left(D^{\mathrm{T}}\right)^{\mathrm{T}}=D$.

由此可知，对于行列式的行具有的性质，它的列也具有相应的性质，反之亦然.

性质 2 交换行列式的任意两行（列），行列式的值只改变符号.例如，

$$\begin{vmatrix} a_{11} & a_{12} & a_{13} \\ a_{21} & a_{22} & a_{23} \\ a_{31} & a_{32} & a_{33} \end{vmatrix}=-\begin{vmatrix} a_{31} & a_{32} & a_{33} \\ a_{21} & a_{22} & a_{23} \\ a_{11} & a_{12} & a_{13} \end{vmatrix}$$

推论 如果行列式中某两行（列）的对应元素都相等，则行列式的值为零.

性质 3 用常数k乘以行列式的某一行（列）的各元素，等于用数k乘此行列式.例如，

$$\begin{vmatrix} ka_{11} & ka_{12} & ka_{13} \\ a_{21} & a_{22} & a_{23} \\ a_{31} & a_{32} & a_{33} \end{vmatrix}=k\begin{vmatrix} a_{11} & a_{12} & a_{13} \\ a_{21} & a_{22} & a_{23} \\ a_{31} & a_{32} & a_{33} \end{vmatrix}$$

推论 1 如果行列式某行（列）的各元素有公因子，则公因子可提到行列式的外面.

推论 2 如果行列式的两行（列）对应元素成比例，则行列式的值为零.

性质 4 如果行列式某行（列）的元素都是两项和，那么这个行列式等于把该行（列）各取一项相应行（列），而其余的行（列）不变的两个行列式的和.例如，

$$\begin{vmatrix} a_{11} & a_{12} & a_{13} \\ a_{21}+b_1 & a_{22}+b_2 & a_{23}+b_3 \\ a_{31} & a_{32} & a_{33} \end{vmatrix}=\begin{vmatrix} a_{11} & a_{12} & a_{13} \\ a_{21} & a_{22} & a_{23} \\ a_{31} & a_{32} & a_{33} \end{vmatrix}+\begin{vmatrix} a_{11} & a_{12} & a_{13} \\ b_1 & b_2 & b_3 \\ a_{31} & a_{32} & a_{33} \end{vmatrix}$$

性质 5 用常数k乘行列式的某行（列）的各元素再加到另一行（列）的对应元素上，行列式的值不变.例如，

$$\begin{vmatrix} a_{11} & a_{12} & a_{13} \\ a_{21} & a_{22} & a_{23} \\ a_{31} & a_{32} & a_{33} \end{vmatrix}=\begin{vmatrix} a_{11}+ka_{31} & a_{12}+ka_{32} & a_{13}+ka_{33} \\ a_{21} & a_{22} & a_{23} \\ a_{31} & a_{32} & a_{33} \end{vmatrix}$$

性质 5 可由性质 4 及性质 3 的推论 2 证明.

性质 6　行列式等于它的任意一行（列）的各元素与对应的代数余子式乘积的和.例如，

$$\begin{vmatrix} a_{11} & a_{12} & a_{13} \\ a_{21} & a_{22} & a_{23} \\ a_{31} & a_{32} & a_{33} \end{vmatrix} = \sum_{k=1}^{3} a_{ik} A_{ik} \quad (i=1,2,3)$$

$$= \sum_{k=1}^{3} a_{kj} A_{kj} \quad (j=1,2,3)$$

性质 7　行列式某一行（列）的各元素与另一行（列）对应元素的代数余子式乘积的和等于零.例如，

$$\sum_{k=1}^{3} a_{ik} A_{jk} = 0,\ \sum_{k=1}^{3} a_{ki} A_{kj} = 0$$

式中，$i \neq j$；$i, j = 1,2,3$.

由于行列式的计算过程变化较多，为了便于书写和复查，约定采用下列标记方法：

① 以 r 代表行，c 代表列.

② 把第 i 行（列）的每个元素加上第 j 行（列）对应元素的 k 倍，记作 $r_i + kr_j$（$c_i + kc_j$）.

③ 互换 i 行（列）和 j 行（列），记作 $r_i \leftrightarrow r_j$（$c_i \leftrightarrow c_j$）.

例 1-6　计算行列式 $\begin{vmatrix} 0 & -1 & -1 & 2 \\ 1 & -1 & 0 & 2 \\ -1 & 2 & -1 & 0 \\ 2 & 1 & 1 & 0 \end{vmatrix}$ 的值.

解

$$\begin{vmatrix} 0 & -1 & -1 & 2 \\ 1 & -1 & 0 & 2 \\ -1 & 2 & -1 & 0 \\ 2 & 1 & 1 & 0 \end{vmatrix} \xlongequal[r_4-2r_2]{r_3+r_2} \begin{vmatrix} 0 & -1 & -1 & 2 \\ 1 & -1 & 0 & 2 \\ 0 & 1 & -1 & 2 \\ 0 & 3 & 1 & -4 \end{vmatrix} \xlongequal{\text{按第一列展开}} -\begin{vmatrix} -1 & -1 & 2 \\ 1 & -1 & 2 \\ 3 & 1 & -4 \end{vmatrix}$$

$$\xlongequal[r_2+r_3]{r_1+r_3} -\begin{vmatrix} 2 & 0 & -2 \\ 4 & 0 & -2 \\ 3 & 1 & -4 \end{vmatrix} \xlongequal{\text{按第二列展开}} \begin{vmatrix} 2 & -2 \\ 4 & -2 \end{vmatrix} = 4$$

运用行列式的性质把某行（列）化为只有一个非零元素后，再按该行（列）展开，是计算行列式的主要方法.

例 1-7　计算行列式 $\begin{vmatrix} 1 & 1 & 1 & 1 \\ -1 & x & 2 & 2 \\ 2 & 2 & x & 3 \\ 3 & 3 & 3 & x \end{vmatrix}$ 的值.

解

$$\begin{vmatrix} 1 & 1 & 1 & 1 \\ -1 & x & 2 & 2 \\ 2 & 2 & x & 3 \\ 3 & 3 & 3 & x \end{vmatrix} \xlongequal[\substack{r_3-2r_1 \\ r_4-3r_1}]{r_2+r_1} \begin{vmatrix} 1 & 1 & 1 & 1 \\ 0 & x+1 & 3 & 3 \\ 0 & 0 & x-2 & 1 \\ 0 & 0 & 0 & x-3 \end{vmatrix} \xlongequal[\text{列展开}]{\text{依次按第一}} (x+1)(x-2)(x-3)$$

运用行列式的性质把行列式化为主对角线一侧的元素都是零的行列式（三角行列式），是计算行列式的一种主要方法.显然，三角行列式的值等于主对角线上各元素之积.

例 1-8 计算行列式$\begin{vmatrix} 3 & 2 & 6 & 2 \\ 8 & 10 & 9 & 1 \\ 6 & -2 & 21 & 6 \\ 1 & 4 & -3 & 11 \end{vmatrix}$的值.

解
$$\begin{vmatrix} 3 & 2 & 6 & 2 \\ 8 & 10 & 9 & 1 \\ 6 & -2 & 21 & 6 \\ 1 & 4 & -3 & 11 \end{vmatrix} \xlongequal[c_3\text{提取}3]{c_2\text{提取}2} 6\begin{vmatrix} 3 & 1 & 2 & 2 \\ 8 & 5 & 3 & 1 \\ 6 & -1 & 7 & 6 \\ 1 & 2 & -1 & 11 \end{vmatrix} \xlongequal{c_2+c_3} 6\begin{vmatrix} 3 & 3 & 2 & 2 \\ 8 & 8 & 3 & 1 \\ 6 & 6 & 7 & 6 \\ 1 & 1 & -1 & 11 \end{vmatrix} = 6\times 0 = 0$$

在运用行列式的性质进行等值变换过程中，如果发现某两行（列）的对应元素相等，或对应成比例，或某行（列）的元素全为零，则行列式的值为零.

例 1-9 计算行列式$\begin{vmatrix} b & a & a & a \\ a & b & a & a \\ a & a & b & a \\ a & a & a & b \end{vmatrix}$的值.

解 这个行列式每列元素之和都等于$3a+b$，将第二、三、四行逐一加到第一行上，可简化计算.

$$\begin{vmatrix} b & a & a & a \\ a & b & a & a \\ a & a & b & a \\ a & a & a & b \end{vmatrix} \xlongequal{r_1+r_2+r_3+r_4} \begin{vmatrix} b+3a & b+3a & b+3a & b+3a \\ a & b & a & a \\ a & a & b & a \\ a & a & a & b \end{vmatrix} = (b+3a)\begin{vmatrix} 1 & 1 & 1 & 1 \\ a & b & a & a \\ a & a & b & a \\ a & a & a & b \end{vmatrix}$$

$$\xlongequal[\substack{r_3-ar_1 \\ r_4-ar_1}]{r_2-ar_1} (b+3a)\begin{vmatrix} 1 & 1 & 1 & 1 \\ 0 & b-a & 0 & 0 \\ 0 & 0 & b-a & 0 \\ 0 & 0 & 0 & b-a \end{vmatrix} = (b+3a)(b-a)^3$$

习题 1.2

1. 计算下列行列式的值.

（1）$\begin{vmatrix} 0 & 1 & 3 & 5 \\ 1 & 0 & 5 & 3 \\ 3 & 5 & 0 & 1 \\ 5 & 3 & 1 & 0 \end{vmatrix}$；

（2）$\begin{vmatrix} \cos\alpha & \sin\alpha & 0 & 0 \\ -\sin\alpha & \cos\alpha & 0 & 0 \\ 0 & 0 & \cos\alpha & \sin\alpha \\ 0 & 0 & -\sin\alpha & \cos\alpha \end{vmatrix}$；

（3）$\begin{vmatrix} -1 & 3 & 1 & 2 \\ 1 & 1 & 2 & 0 \\ -1 & 2 & 0 & 3 \\ 1 & 1 & 3 & 5 \end{vmatrix}$；　　（4）$\begin{vmatrix} 5 & 6 & 0 & 0 & 0 \\ 1 & 5 & 6 & 0 & 0 \\ 0 & 1 & 5 & 6 & 0 \\ 0 & 0 & 1 & 5 & 6 \\ 0 & 0 & 0 & 1 & 5 \end{vmatrix}$.

2. 利用行列式的性质证明下列各式.

（1）$\begin{vmatrix} 1 & a & a^2-bc \\ 1 & b & b^2-ca \\ 1 & c & c^2-ab \end{vmatrix}=0$；　　（2）$\begin{vmatrix} a_{11}+ma_{12} & a_{12} & a_{13} \\ a_{21}+ma_{22} & a_{22} & a_{23} \\ a_{31}+ma_{32} & a_{32} & a_{33} \end{vmatrix}=\begin{vmatrix} a_{11} & a_{12} & a_{13} \\ a_{21} & a_{22} & a_{23} \\ a_{31} & a_{32} & a_{33} \end{vmatrix}$.

1.3　克莱姆法则及应用

二元和三元线性方程组的解可以用二阶和三阶行列式来表示，那么 n 元线性方程组的解能否用 n 阶行列式来表示呢？答案是肯定的.

1.3.1　克莱姆法则

设有 n 个未知数的线性方程组：

$$\begin{cases} a_{11}x_1+a_{12}x_2+\cdots+a_{1n}x_n=b_1 \\ a_{21}x_1+a_{22}x_2+\cdots+a_{2n}x_n=b_2 \\ \quad\vdots \\ a_{n1}x_1+a_{n2}x_2+\cdots+a_{nn}x_n=b_n \end{cases} \tag{1-4}$$

它的系数行列式是

$$D=\begin{vmatrix} a_{11} & a_{12} & \cdots & a_{1n} \\ a_{21} & a_{22} & \cdots & a_{2n} \\ \vdots & \vdots & & \vdots \\ a_{n1} & a_{n2} & \cdots & a_{nn} \end{vmatrix}$$

关于系数行列式 D 与线性方程组的解的关系有如下的定理.

定理 1　（克莱姆法则）

如果线性方程组式（1-4）的系数行列式 $D\neq 0$，那么式（1-4）有唯一解，其解为

$$x_j=\frac{D_j}{D}$$

式中，D_j（j=1,2,⋯,n）是把 D 中第 j（j=1,2,⋯,n）列元素换成由 $b_1,b_2,\cdots,b_n$ 所组成的列而得的行列式（证明略）.

用克莱姆法则能求解 n 元线性方程组，但必须满足以下两个条件：

① 线性方程组中方程的个数与未知数的个数相等.

② 线性方程组的系数行列式 $D\neq 0$.

例 1-10 用克莱姆法则解下面的方程组.

$$\begin{cases}2x_1-3x_2+x_3=-1\\ x_1+2x_2-x_3=4\\ -2x_1-x_2+x_3=-3\end{cases}$$

解

$$\because D=\begin{vmatrix}2&-3&1\\1&2&-1\\-2&-1&1\end{vmatrix}=2,\quad D_1=\begin{vmatrix}-1&-3&1\\4&2&-1\\-3&-1&1\end{vmatrix}=4,$$

$$D_2=\begin{vmatrix}2&-1&1\\1&4&-1\\-2&-3&1\end{vmatrix}=6,\quad D_3=\begin{vmatrix}2&-3&-1\\1&2&4\\-2&-1&-3\end{vmatrix}=8$$

$$\therefore x_1=\frac{4}{2}=2,\ x_2=\frac{6}{2}=3,\ x_3=\frac{8}{2}=4$$

用克莱姆法则求解线性方程组，计算量是比较大的，对具体的数学线性方程组，当未知数较多时往往可用计算机求解.目前，用计算机解线性方程组已经有一整套成熟的方法.

克莱姆法则在一定条件下给出了线性方程组解的存在性、唯一性，与其在计算方面的作用相比，克莱姆法则具有更重要的理论价值.克莱姆法则也可表述为如下内容.

定理 2 **（克莱姆法则）**

如果线性方程组式（1-4）的系数行列式 $D\neq 0$，那么式（1-4）有解，且解是唯一的.在解题或证明中，常用到定理 2 的逆否定理，即定理 2′.

定理 2′ 如果线性方程组式（1-4）无解或解不是唯一的，则它的系数行列式 $D=0$.

1.3.2 运用克莱姆法则讨论齐次线性方程组的解

当式（1-4）右边的常数项 $b_1,b_2,\cdots,b_n$ 全为零时，方程组

$$\begin{cases}a_{11}x_1+a_{12}x_2+\cdots+a_{1n}x_n=0\\ a_{21}x_1+a_{22}x_2+\cdots+a_{2n}x_n=0\\ \cdots\cdots\cdots\cdots\\ a_{n1}x_1+a_{n2}x_2+\cdots+a_{nn}x_n=0\end{cases}\tag{1-5}$$

称为齐次线性方程组.

显然，$x_1=x_2=\cdots=x_n=0$ 是齐次线性方程组式（1-5）的解，称为零解.若齐次线性方程组式（1-5）除了零解，还有 $x_1,x_2,\cdots,x_n$ 不全为零的解，就称齐次线性方程组有非零解.

定理 3 如果齐次线性方程组式（1-5）的系数行列式 $D\neq 0$，则它仅有零解.

定理 3′ 如果齐次线性方程组式（1-5）有非零解，则它的系数行列式 $D=0$.

例 1-11　当 m 取什么值时方程组

$$\begin{cases} x_1+2x_2+3x_3=mx_1 \\ 2x_1+x_2+3x_3=mx_2 \\ 3x_1+3x_2+6x_3=mx_3 \end{cases}$$

有非零解.

解　把方程组整理为

$$\begin{cases} (1-m)x_1+2x_2+3x_3=0 \\ 2x_1+(1-m)x_2+3x_3=0 \\ 3x_1+3x_2+(6-m)x_3=0 \end{cases}$$

根据定理 3′知，若该方程组有非零解，则系数行列式 $D=0$，即

$$\begin{vmatrix} 1-m & 2 & 3 \\ 2 & 1-m & 3 \\ 3 & 3 & 6-m \end{vmatrix}=0$$

展开此行列式，得 $m(m+1)(m-9)=0$.

所以，当 $m=0, m=-1, m=9$ 时，方程组有非零解.

习题 1.3

用克莱姆法则解下列线性方程组.

1. $\begin{cases} 2x_1+x_2-5x_3+x_4=8 \\ x_1-3x_2-6x_4=9 \\ 2x_2-x_3+2x_4=-5 \\ x_1+4x_2-7x_3+6x_4=0 \end{cases}$.

2. $\begin{cases} x_1-x_2+2x_4=-5 \\ 3x_1+2x_2-x_3-2x_4=6 \\ 4x_1+3x_2-x_3-x_4=0 \\ 2x_1-x_3=0 \end{cases}$.

3. $\begin{cases} x_1+x_2+x_3+x_4=5 \\ x_1+2x_2-x_3+x_4=-2 \\ 2x_1+3x_2-x_3-5x_4=-2 \\ 3x_1+x_2+2x_3+3x_4=4 \end{cases}$.

复习题 1

1. 求方程$\begin{vmatrix} x^2 & 4 & -9 \\ x & 2 & 3 \\ 1 & 1 & 1 \end{vmatrix}=0$的解.

2. 计算行列式$\begin{vmatrix} a-b-c & 2a & 2a \\ 2b & b-a-c & 2b \\ 2c & 2c & c-a-b \end{vmatrix}$的值.

3. 设有方程组$\begin{cases} x+\ \ y+\ \ z=a+b+c \\ ax+by+cz=a^2+b^2+c^2 \\ bcx+acy+baz=3abc \end{cases}$，

试问当a,b,c满足什么条件时，方程组有唯一解？求出唯一解.

本章知识精要

一、行列式的概念

（1）二阶行列式$\begin{vmatrix} a_{11} & a_{12} \\ a_{21} & a_{22} \end{vmatrix}=a_{11}a_{22}-a_{12}a_{21}$.

（2）三阶行列式

$$\begin{vmatrix} a_{11} & a_{12} & a_{13} \\ a_{21} & a_{22} & a_{23} \\ a_{31} & a_{32} & a_{33} \end{vmatrix}=a_{11}a_{22}a_{33}+a_{12}a_{23}a_{31}+a_{13}a_{21}a_{32}-a_{11}a_{23}a_{32}-a_{12}a_{21}a_{33}-a_{13}a_{22}a_{31}.$$

（3）n阶行列式

$$\begin{vmatrix} a_{11} & a_{12} & \cdots & a_{1n} \\ a_{21} & a_{22} & \cdots & a_{2n} \\ \vdots & \vdots & & \vdots \\ a_{n1} & a_{n2} & \cdots & a_{nn} \end{vmatrix}=\sum_{j=1}^{n}a_{1j}A_{1j}$$

式中，A_{1j}是元素a_{1j}（$j=1,2,3,\cdots,n$）的代数余子式.

二、行列式的性质

性质 1　行列式的行与相应的列互换，行列式的值不变.

性质 2　交换行列式的任意两行（列），行列式的值只改变符号.

推论　如果行列式中某两行（列）的对应元素都相等，则行列式的值为零.

性质 3　用常数k乘以行列式的某一行（列）的各元素，等于用常数k乘以此行列式.

推论1 如果行列式某行（列）的各元素有公因子，则公因子可提到行列式的外面.

推论2 如果行列式的两行（列）对应元素成比例，则行列式的值为零.

性质4 如果行列式某行（列）的元素都是两项和，那么这个行列式等于把该行（列）各取一项相应行（列），而其余的行（列）不变的两个行列式的和.

性质5 用常数 k 乘以行列式的某行（列）的各元素再加到另一行（列）的对应元素上，行列式的值不变.

性质6 行列式等于它的任意一行（列）的各元素与对应的代数余子式乘积的和.

性质7 行列式某一行（列）的各元素与另一行（列）对应元素的代数余子式乘积的和等于零.

三、克莱姆法则

克莱姆法则：如果 n 元线性方程组

$$\begin{cases} a_{11}x_1+a_{12}x_2+\cdots+a_{1n}x_n=b_1 \\ a_{21}x_1+a_{22}x_2+\cdots+a_{2n}x_n=b_2 \\ \cdots\cdots\cdots\cdots \\ a_{n1}x_1+a_{n2}x_2+\cdots+a_{nn}x_n=b_n \end{cases}$$

的系数行列式

$$D=\begin{vmatrix} a_{11} & a_{12} & \cdots & a_{1n} \\ a_{21} & a_{22} & \cdots & a_{2n} \\ \vdots & \vdots & & \vdots \\ a_{n1} & a_{n2} & \cdots & a_{nn} \end{vmatrix}\neq 0$$

则它有唯一解，即

$$x_j=\frac{D_j}{D}\quad（j=1,2,\cdots,n）$$

式中，D_j 是将 D 中第 j 列的元素对应地换为方程组右端的常数项后得到的行列式，即

$$D_j=\begin{vmatrix} a_{11} & a_{12} & \cdots & a_{1j-1} & b_1 & a_{1j+1} & \cdots & a_{1n} \\ a_{21} & a_{22} & \cdots & a_{2j-1} & b_2 & a_{2j+1} & \cdots & a_{2n} \\ \vdots & \vdots & & \vdots & \vdots & \vdots & & \vdots \\ a_{n1} & a_{n2} & \cdots & a_{nj-1} & b_n & a_{nj+1} & \cdots & a_{nn} \end{vmatrix}$$

第2章 矩 阵

矩阵是重要的数学工具，也是线性代数的主要内容之一，它不仅在数学中地位十分重要，而且在现代经济学和企业管理中有着广泛的应用.本章主要介绍矩阵的基本概念、运算及其性质.

2.1 矩阵的概念

先看两个实际问题.

例 2-1 某工厂冶炼车间计划在一、二月份冶炼三种规格的合金，计划冶炼的合金数量如表 2-1 所示.

表 2-1 计划冶炼的合金数量

月 份	合金类型		
	I	II	III
一	10	15	20
二	30	20	25

将表 2-1 中的数字取出，排成下面形式的数表：

$$\begin{pmatrix} 10 & 15 & 20 \\ 30 & 20 & 25 \end{pmatrix} \tag{2-1}$$

例 2-2 设有线性方程组：

$$\begin{cases} a_{11}x_1 + a_{12}x_2 + \cdots + a_{1n}x_n = b_1 \\ a_{21}x_1 + a_{22}x_2 + \cdots + a_{2n}x_n = b_2 \\ \cdots\cdots\cdots\cdots \\ a_{m1}x_1 + a_{m2}x_2 + \cdots + a_{mn}x_n = b_m \end{cases} \tag{2-2}$$

将上面线性方程组中的系数取出，排成下面形式的数表：

$$A=\begin{pmatrix} a_{11} & a_{12} & \cdots & a_{1n} \\ a_{21} & a_{22} & \cdots & a_{2n} \\ \vdots & \vdots & & \vdots \\ a_{m1} & a_{m2} & \cdots & a_{mn} \end{pmatrix} \tag{2-3}$$

式（2-1）、式（2-3）称为矩阵.

定义　由 $m\times n$ 个数 a_{ij}（$i=1,2,\cdots,m$；$j=1,2,\cdots,n$）排成的 m 行 n 列的数表

$$A=\begin{pmatrix} a_{11} & a_{12} & \cdots & a_{1n} \\ a_{21} & a_{22} & \cdots & a_{2n} \\ \vdots & \vdots & & \vdots \\ a_{m1} & a_{m2} & \cdots & a_{mn} \end{pmatrix}$$

叫作 m 行 n 列矩阵，a_{ij} 为矩阵 A 第 i 行第 j 列的元素.

矩阵一般用大写字母 A , B , C $\cdots$ 表示，为了强调矩阵的行数 m 和列数 n，可用 $A_{m\times n}$ 来表示.

在矩阵 $A_{m\times n}$ 中，当 $m=n$ 时，称 A 为 n 阶矩阵或 n 阶方阵，记作 A_n；当 $m=1$ 时，称 A 为行矩阵，此时矩阵 $A=(a_{11}\ a_{12}\cdots a_{1n})$；当 $n=1$ 时，矩阵

$$A=\begin{pmatrix} a_{11} \\ a_{21} \\ \vdots \\ a_{m1} \end{pmatrix}$$

称为列矩阵.

元素都是零的矩阵称为零矩阵，记作 O 或 $O_{m\times n}$.

除了主对角线（从左上角到右下角的对角线）上的元素，其余的元素都是零的 n 阶方阵，叫作对角矩阵，其形式为

$$\begin{pmatrix} a_{11} & 0 & \cdots & 0 \\ 0 & a_{22} & \cdots & 0 \\ \vdots & \vdots & & \vdots \\ 0 & 0 & \cdots & a_{nn} \end{pmatrix}$$

主对角线上的元素都是1的对角矩阵，叫作单位矩阵，记作 I，即

$$I=\begin{pmatrix} 1 & 0 & \cdots & 0 \\ 0 & 1 & \cdots & 0 \\ \vdots & \vdots & & \vdots \\ 0 & 0 & \cdots & 1 \end{pmatrix}$$

主对角线一侧的元素都是零的方阵，叫作三角矩阵，其一般形式为

$$\begin{pmatrix} a_{11} & a_{12} & \cdots & a_{1n} \\ 0 & a_{22} & \cdots & a_{2n} \\ \vdots & \vdots & & \vdots \\ 0 & 0 & \cdots & a_{nn} \end{pmatrix} \text{或} \begin{pmatrix} a_{11} & 0 & \cdots & 0 \\ a_{21} & a_{22} & \cdots & 0 \\ \vdots & \vdots & & \vdots \\ a_{n1} & a_{n2} & \cdots & a_{nn} \end{pmatrix}$$

式中，前者称为上三角矩阵，后者称为下三角矩阵.

把矩阵 $\boldsymbol{A}$ 的行与列依次互换所得的矩阵称为 $\boldsymbol{A}$ 的转置矩阵，记作 $\boldsymbol{A}^{\mathrm{T}}$.例如，矩阵

$$\boldsymbol{A}^{\mathrm{T}} = \begin{pmatrix} a_{11} & a_{21} & \cdots & a_{m1} \\ a_{12} & a_{22} & \cdots & a_{m2} \\ \vdots & \vdots & & \vdots \\ a_{1n} & a_{2n} & \cdots & a_{mn} \end{pmatrix}$$

称为矩阵

$$\boldsymbol{A} = \begin{pmatrix} a_{11} & a_{12} & \cdots & a_{1n} \\ a_{21} & a_{22} & \cdots & a_{2n} \\ \vdots & \vdots & & \vdots \\ a_{m1} & a_{m2} & \cdots & a_{mn} \end{pmatrix}$$

的转置矩阵.显然，一个 m 行 n 列的矩阵 $\boldsymbol{A}$ 的转置矩阵 $\boldsymbol{A}^{\mathrm{T}}$ 是一个 n 行 m 列的矩阵，并且 $(\boldsymbol{A}^{\mathrm{T}})^{\mathrm{T}}$ 等于 $\boldsymbol{A}$.关于主对角线对称的元素都相等的方阵称为对称矩阵.任何一个对称矩阵的转置矩阵就是它本身.

由方阵 $\boldsymbol{A}$ 的元素按其在矩阵中的位置所构成的行列式，叫作方阵 $\boldsymbol{A}$ 的行列式，记作 $|\boldsymbol{A}|$.

注意：矩阵与行列式是两个意义完全不同的数学概念，除记法不同之外，矩阵的行数可以不等于列数，而更本质的区别在于行列式是**数或函数**，而矩阵表示**数表**.

习题 2.1

1. 甲、乙、丙、丁四人各从图书馆借来一本小说，他们约定读完后互相交换，这四本书的厚度及他们四人的阅读速度差不多，因此，四人总是同时交换书，经三次交换后，他们四人读完了这四本书，现已知：

（1）乙读的最后一本书是甲读的第二本书；

（2）丙读的第一本书是丁读的最后一本书.

试用矩阵表示四人的阅读顺序.

（提示：设甲、乙、丙、丁最后读的书的代号依次为 A、B、C、D）.

2. 二人零和对策问题，两个儿童玩“剪子-石头-布”的游戏，每人的出法只能在“石头、剪子、布”中选择一种，当他们各自选定一种出法（也称策略）时，就确定了一个“局势”，也就决定了各自的输赢.若规定胜者得 1 分，负者得-1 分，平手各得零分，则对于各

种可能的局势（每局得分之和为零，即零和），试用矩阵表示他们的输赢状况.

2.2　矩阵的性质及运算

2.2.1　矩阵相等

定义 1　如果两个矩阵 $\boldsymbol{A}=(a_{ij}),\boldsymbol{B}=(b_{ij})$ 的行数和列数分别相同，并且各对应元素相等，则称矩阵 $\boldsymbol{A}$ 与矩阵 $\boldsymbol{B}$ 相等，记作

$$\boldsymbol{A}=\boldsymbol{B}$$

即如果 $\boldsymbol{A}=(a_{ij})_{m\times n}$，$\boldsymbol{B}=(b_{ij})_{m\times n}$，且 $a_{ij}=b_{ij}$（$i=1,2,\cdots,m;\ j=1,2,\cdots,n$），那么 $\boldsymbol{A}=\boldsymbol{B}$.

例如，矩阵

$$\boldsymbol{A}=\begin{pmatrix} a_{11} & a_{12} & a_{13} \\ a_{21} & a_{22} & a_{23} \end{pmatrix},\quad \boldsymbol{B}=\begin{pmatrix} 3 & 0 & -5 \\ -2 & 1 & 4 \end{pmatrix}$$

如果 $\boldsymbol{A}=\boldsymbol{B}$，则

$$a_{11}=3,\ a_{12}=0,\ a_{13}=-5,$$
$$a_{21}=-2,\ a_{22}=1,\ a_{23}=4$$

又如，矩阵

$$\boldsymbol{B}=\begin{pmatrix} 3 & 0 & -5 \\ -2 & 1 & 4 \end{pmatrix},\quad \boldsymbol{C}=\begin{pmatrix} c_{11} & c_{12} \\ c_{21} & c_{22} \end{pmatrix}$$

无论矩阵 $\boldsymbol{C}$ 中的元素 $c_{11},c_{12},c_{21},c_{22}$ 取什么值，矩阵 $\boldsymbol{C}$ 都不会与矩阵 $\boldsymbol{B}$ 相等，这是因为 $\boldsymbol{B}$，$\boldsymbol{C}$ 这两个矩阵的列数不同.

例 2-3　设矩阵

$$\boldsymbol{A}=\begin{pmatrix} a & -1 & 3 \\ 0 & b & -4 \\ -5 & 8 & 7 \end{pmatrix},\quad \boldsymbol{B}=\begin{pmatrix} -2 & -1 & c \\ 0 & 1 & -4 \\ d & 8 & 7 \end{pmatrix}$$

且 $\boldsymbol{A}=\boldsymbol{B}$，求 a,b,c,d.

解　由 $\boldsymbol{A}=\boldsymbol{B}$，即

$$\begin{pmatrix} a & -1 & 3 \\ 0 & b & -4 \\ -5 & 8 & 7 \end{pmatrix}=\begin{pmatrix} -2 & -1 & c \\ 0 & 1 & -4 \\ d & 8 & 7 \end{pmatrix}$$

得 $a=-2$，$b=1$，$c=3$，$d=-5$.

2.2.2 矩阵的运算

1. 矩阵的加法和减法

设有两种产品从三个产地运往四个销地（运费的单位：千元），其调运方案分别用矩阵 $\boldsymbol{A},\boldsymbol{B}$ 表示为

$$\boldsymbol{A}=\begin{pmatrix}3&5&7&2\\2&0&4&3\\0&1&2&3\end{pmatrix},\quad \boldsymbol{B}=\begin{pmatrix}1&3&2&0\\2&1&5&7\\0&6&4&8\end{pmatrix}$$

那么，从各产地运往各销地的总运费为

$$\begin{pmatrix}3+1&5+3&7+2&2+0\\2+2&0+1&4+5&3+7\\0+0&1+6&2+4&3+8\end{pmatrix}$$

一般地，两个 m 行 n 列的矩阵 $\boldsymbol{A}=(a_{ij})_{m\times n}$ 和 $\boldsymbol{B}=(b_{ij})_{m\times n}$ 的对应元素相加而得到的矩阵，称为 $\boldsymbol{A}$ 与 $\boldsymbol{B}$ 的和，记作 $\boldsymbol{A}+\boldsymbol{B}$，即

$$\boldsymbol{A}+\boldsymbol{B}=(a_{ij}+b_{ij})_{m\times n}$$

同样，可以定义矩阵 $\boldsymbol{A}$ 与 $\boldsymbol{B}$ 的差为

$$\boldsymbol{A}-\boldsymbol{B}=(a_{ij}-b_{ij})_{m\times n}$$

显然，两个 m 行 n 列的矩阵相加（减）得到的和（差）仍是一个 m 行 n 列的矩阵，容易验证，矩阵的加法和减法满足以下规律.

① 加法交换律：$\boldsymbol{A}+\boldsymbol{B}=\boldsymbol{B}+\boldsymbol{A}$.

② 加法结合律：$(\boldsymbol{A}+\boldsymbol{B})+\boldsymbol{C}=\boldsymbol{A}+(\boldsymbol{B}+\boldsymbol{C})$.

③ $\boldsymbol{A}-\boldsymbol{B}=\boldsymbol{A}+(-\boldsymbol{B})$.

式中，$\boldsymbol{A},\boldsymbol{B},\boldsymbol{C}$ 都是 m 行 n 列的矩阵，$-\boldsymbol{B}$ 称为 $\boldsymbol{B}$ 的负矩阵

即

$$-\boldsymbol{B}=-(b_{ij})=(-b_{ij})$$

2. 数乘矩阵

某产品的三个产地与四个销地的距离（单位：km）用矩阵表示为

$$\boldsymbol{A}=\begin{pmatrix}120&175&80&90\\80&130&40&50\\125&190&95&105\end{pmatrix}$$

每吨公里的运费为1.5 元，那么，从各产地到各销地的运费可用矩阵表示为

$$\begin{pmatrix} 1.5\times120 & 1.5\times175 & 1.5\times80 & 1.5\times90 \\ 1.5\times80 & 1.5\times130 & 1.5\times40 & 1.5\times50 \\ 1.5\times125 & 1.5\times190 & 1.5\times95 & 1.5\times105 \end{pmatrix}$$

一般地，数 k 与矩阵 $\boldsymbol{A}=\left(a_{ij}\right)$ 的每个元素相乘所得到的矩阵，称为数 k 与矩阵 $\boldsymbol{A}$ 的乘积，记作 $k\boldsymbol{A}$

即

$$k\boldsymbol{A}=\left(ka_{ij}\right)$$

容易验证，数乘矩阵满足以下规律.

① 分配律：$k\left(\boldsymbol{A}+\boldsymbol{B}\right)=k\boldsymbol{A}+k\boldsymbol{B}$，$\left(k_1+k_2\right)\boldsymbol{A}=k_1\boldsymbol{A}+k_2\boldsymbol{A}$.

② 结合律：$k_1\left(k_2\boldsymbol{A}\right)=\left(k_1k_2\right)\boldsymbol{A}$.

式中，$\boldsymbol{A}, \boldsymbol{B}$ 都是 m 行 n 列的矩阵，k, k_1, k_2 都是常数.

例 2-4　设 $\boldsymbol{A}=\begin{pmatrix} 3 & 4 & -6 \\ 2 & 5 & 7 \end{pmatrix}$，$\boldsymbol{B}=\begin{pmatrix} 5 & 2 & 3 \\ 1 & -4 & -2 \end{pmatrix}$，求 $3\boldsymbol{A}-2\boldsymbol{B}$.

解　$3\boldsymbol{A}-2\boldsymbol{B}=3\begin{pmatrix} 3 & 4 & -6 \\ 2 & 5 & 7 \end{pmatrix}-2\begin{pmatrix} 5 & 2 & 3 \\ 1 & -4 & -2 \end{pmatrix}$

$$=\begin{pmatrix} 9 & 12 & -18 \\ 6 & 15 & 21 \end{pmatrix}-\begin{pmatrix} 10 & 4 & 6 \\ 2 & -8 & -4 \end{pmatrix}=\begin{pmatrix} -1 & 8 & -24 \\ 4 & 23 & 25 \end{pmatrix}$$

例 2-5　已知 $\boldsymbol{A}=\begin{pmatrix} 3 & -1 & 2 & 0 \\ 1 & 5 & 7 & 9 \\ 2 & 4 & 6 & 8 \end{pmatrix}$，$\boldsymbol{B}=\begin{pmatrix} 7 & 5 & -2 & 4 \\ 5 & 1 & 9 & 7 \\ 3 & 2 & -1 & 6 \end{pmatrix}$，并且 $\boldsymbol{A}+2\boldsymbol{X}=\boldsymbol{B}$，求矩阵 $\boldsymbol{X}$.

解　由 $\boldsymbol{A}+2\boldsymbol{X}=\boldsymbol{B}$，得

$$\boldsymbol{X}=\frac{1}{2}(\boldsymbol{B}-\boldsymbol{A})=\frac{1}{2}\left[\begin{pmatrix} 7 & 5 & -2 & 4 \\ 5 & 1 & 9 & 7 \\ 3 & 2 & -1 & 6 \end{pmatrix}-\begin{pmatrix} 3 & -1 & 2 & 0 \\ 1 & 5 & 7 & 9 \\ 2 & 4 & 6 & 8 \end{pmatrix}\right]=\frac{1}{2}\begin{pmatrix} 4 & 6 & -4 & 4 \\ 4 & -4 & 2 & -2 \\ 1 & -2 & -7 & -2 \end{pmatrix}$$

$$=\begin{pmatrix} 2 & 3 & -2 & 2 \\ 2 & -2 & 1 & -1 \\ \frac{1}{2} & -1 & -\frac{7}{2} & -1 \end{pmatrix}$$

3. 矩阵乘法

设有Ⅰ、Ⅱ、Ⅲ三个工厂，生产甲、乙两种产品，矩阵 $\boldsymbol{A}$ 表示一年中各工厂生产两种产品的数量，矩阵 $\boldsymbol{B}$ 表示两种产品的单位价格和单位利润，矩阵 $\boldsymbol{C}$ 表示工厂的总收入、总利润.

$$\boldsymbol{A}=\begin{pmatrix}a_{11} & a_{12}\\ a_{21} & a_{22}\\ a_{31} & a_{32}\end{pmatrix}\begin{matrix}\text{I}\\ \text{II}\\ \text{III}\end{matrix}\qquad \boldsymbol{B}=\begin{pmatrix}b_{11} & b_{12}\\ b_{21} & b_{22}\end{pmatrix}\begin{matrix}甲\\ 乙\end{matrix}\qquad \boldsymbol{C}=\begin{pmatrix}c_{11} & c_{12}\\ c_{21} & c_{22}\\ c_{31} & c_{32}\end{pmatrix}\begin{matrix}\text{I}\\ \text{II}\\ \text{III}\end{matrix}$$

甲 乙 　　 单位价格 单位利润 　　 总收入 总利润

那么矩阵 $\boldsymbol{A}$，$\boldsymbol{B}$，$\boldsymbol{C}$ 的元素之间有下列关系：

$$\begin{pmatrix}a_{11}b_{11}+a_{12}b_{21} & a_{11}b_{12}+a_{12}b_{22}\\ a_{21}b_{11}+a_{22}b_{21} & a_{21}b_{12}+a_{22}b_{22}\\ a_{31}b_{11}+a_{32}b_{21} & a_{31}b_{12}+a_{32}b_{22}\end{pmatrix}=\begin{pmatrix}c_{11} & c_{12}\\ c_{21} & c_{22}\\ c_{31} & c_{32}\end{pmatrix}$$

即矩阵 $\boldsymbol{C}$ 中第 i 行第 j 列的元素等于矩阵 $\boldsymbol{A}$ 中第 i 行的元素与矩阵 $\boldsymbol{B}$ 中第 j 列对应元素乘积的和（$i=1,2,3$；$j=1,2$），并且矩阵 $\boldsymbol{C}$ 的行数等于矩阵 $\boldsymbol{A}$ 的行数，矩阵 $\boldsymbol{C}$ 的列数等于矩阵 $\boldsymbol{B}$ 的列数，即

$$c_{ij}=a_{i1}b_{1j}+a_{i2}b_{2j}\quad（i=1,2,3;\ j=1,2）$$

一般地，设矩阵 $\boldsymbol{A}=(a_{ik})_{m\times k}$ 和 $\boldsymbol{B}=(b_{kj})_{k\times n}$，则由元素

$$c_{ij}=a_{i1}b_{1j}+a_{i2}b_{2j}+\cdots+a_{ik}b_{kj}\quad（i=1,2,\cdots,m;\ j=1,2,\cdots,n）$$

构成的矩阵 $\boldsymbol{C}=(c_{ij})_{m\times n}$ 叫作矩阵 $\boldsymbol{A}$ 与 $\boldsymbol{B}$ 的乘积，记作 $\boldsymbol{AB}$，即 $\boldsymbol{C}=\boldsymbol{AB}$.

例如，要计算 c_{23}（$i=2$，$j=3$）这个元素就是用 $\boldsymbol{A}$ 的第 2 行各元素分别乘以 $\boldsymbol{B}$ 的第 3 列相应的元素，然后相加就得到 c_{23}，可表示为如下过程：

$$\begin{pmatrix}c_{11} & c_{12} & c_{13} & \cdots & c_{1n}\\ c_{21} & c_{22} & \boxed{c_{23}} & \cdots & c_{2n}\\ \vdots & \vdots & \vdots & & \vdots\\ c_{m1} & c_{m2} & c_{m3} & \cdots & c_{mn}\end{pmatrix}=\begin{pmatrix}a_{11} & a_{12} & a_{13} & \cdots & a_{1k}\\ \boxed{a_{21} \quad a_{22} \quad a_{23} \quad \cdots \quad a_{2k}}\\ \vdots & \vdots & \vdots & & \vdots\\ a_{m1} & a_{m2} & a_{m3} & \cdots & a_{mk}\end{pmatrix}\begin{pmatrix}b_{11} & b_{12} & \boxed{b_{13}} & \cdots & b_{1n}\\ b_{21} & b_{22} & \boxed{b_{23}} & \cdots & b_{2n}\\ \vdots & \vdots & \boxed{\vdots} & & \vdots\\ b_{k1} & b_{k2} & \boxed{b_{k3}} & \cdots & b_{kn}\end{pmatrix}$$

必须注意，在进行矩阵乘法运算 $\boldsymbol{AB}$ 时，只有当左矩阵 $\boldsymbol{A}$ 的列数与右矩阵 $\boldsymbol{B}$ 的行数相等时才能进行，称为 $\boldsymbol{A}$ 左乘 $\boldsymbol{B}$，或者 $\boldsymbol{B}$ 右乘 $\boldsymbol{A}$，并且 $\boldsymbol{AB}$ 的行数等于 $\boldsymbol{A}$ 的行数，$\boldsymbol{AB}$ 的列数等于 $\boldsymbol{B}$ 的列数.

例 2-6 已知 $\boldsymbol{A}=\begin{pmatrix}3 & 2 & -1\\ 2 & -3 & 5\end{pmatrix}$，$\boldsymbol{B}=\begin{pmatrix}1 & 3\\ -5 & 4\\ 3 & 6\end{pmatrix}$，求 $\boldsymbol{AB}$ 和 $\boldsymbol{BA}$.

解
$$\boldsymbol{AB}=\begin{pmatrix}3 & 2 & -1\\ 2 & -3 & 5\end{pmatrix}\begin{pmatrix}1 & 3\\ -5 & 4\\ 3 & 6\end{pmatrix}=\begin{pmatrix}3\times1+2\times(-5)+(-1)\times3 & 3\times3+2\times4+(-1)\times6\\ 2\times1+(-3)\times(-5)+5\times3 & 2\times3+(-3)\times4+5\times6\end{pmatrix}$$

$$=\begin{pmatrix}-10 & 11\\ 32 & 24\end{pmatrix}$$

$$BA=\begin{pmatrix}1&3\\-5&4\\3&6\end{pmatrix}\begin{pmatrix}3&2&-1\\2&-3&5\end{pmatrix}$$

$$=\begin{pmatrix}1\times3+3\times2&1\times2+3\times(-3)&1\times(-1)+3\times5\\(-5)\times3+4\times2&(-5)\times2+4\times(-3)&(-5)\times(-1)+4\times5\\3\times3+6\times2&3\times2+6\times(-3)&3\times(-1)+6\times5\end{pmatrix}$$

$$=\begin{pmatrix}9&-7&14\\-7&-22&25\\21&-12&27\end{pmatrix}$$

由此可知，矩阵的乘法不满足交换律；矩阵 $\boldsymbol{A}$ 与 $\boldsymbol{B}$ 的乘法不满足交换律是由于：①当 $\boldsymbol{AB}$ 存在时 $\boldsymbol{BA}$ 未必存在；② $\boldsymbol{AB}$ 与 $\boldsymbol{BA}$ 均存在，但它们不一定是同阶的；③当 $\boldsymbol{AB}$ 与 $\boldsymbol{BA}$ 为同阶方阵时，二者也不一定相等.但是可以证明矩阵的乘法满足下面的规律.

① 结合律：$(\boldsymbol{AB})\boldsymbol{C}=\boldsymbol{A}(\boldsymbol{BC})$；$k(\boldsymbol{AB})=(k\boldsymbol{A})\boldsymbol{B}=\boldsymbol{A}(k\boldsymbol{B})$，其中 k 是任意常数.

② 分配律：$\boldsymbol{A}(\boldsymbol{B}+\boldsymbol{C})=\boldsymbol{AB}+\boldsymbol{AC}$，$(\boldsymbol{B}+\boldsymbol{C})\boldsymbol{A}=\boldsymbol{BA}+\boldsymbol{CA}$.

对于矩阵乘法还应注意以下几点.

① 矩阵相乘不满足消去律.例如，$\boldsymbol{A}=\begin{pmatrix}3&1\\4&0\end{pmatrix}$，$\boldsymbol{B}=\begin{pmatrix}2&1\\4&0\end{pmatrix}$，$\boldsymbol{C}=\begin{pmatrix}0&0\\1&1\end{pmatrix}$，则

$$\boldsymbol{AC}=\begin{pmatrix}3&1\\4&0\end{pmatrix}\begin{pmatrix}0&0\\1&1\end{pmatrix}=\begin{pmatrix}1&1\\0&0\end{pmatrix}$$

$$\boldsymbol{BC}=\begin{pmatrix}2&1\\4&0\end{pmatrix}\begin{pmatrix}0&0\\1&1\end{pmatrix}=\begin{pmatrix}1&1\\0&0\end{pmatrix}$$

即 $\boldsymbol{AC}=\boldsymbol{BC}$，且 $\boldsymbol{C}\neq\boldsymbol{O}$，但是 $\boldsymbol{A}\neq\boldsymbol{B}$.

② 两个非零矩阵的乘积可能是零矩阵.例如，

$$\begin{pmatrix}2&4\\3&6\end{pmatrix}\begin{pmatrix}2&4\\-1&-2\end{pmatrix}=\begin{pmatrix}4-4&8-8\\6-6&12-12\end{pmatrix}=\begin{pmatrix}0&0\\0&0\end{pmatrix}=\boldsymbol{O}$$

③ 为了方便起见，常将 k 个方阵 $\boldsymbol{A}$ 相乘，记为 $\boldsymbol{A}^k$.

应用矩阵的乘法，如果令

$$\boldsymbol{A}=\begin{pmatrix}a_{11}&a_{12}&\cdots&a_{1n}\\a_{21}&a_{22}&\cdots&a_{2n}\\\vdots&\vdots&&\vdots\\a_{m1}&a_{m2}&\cdots&a_{mn}\end{pmatrix},\quad \boldsymbol{X}=\begin{pmatrix}x_1\\x_2\\\vdots\\x_n\end{pmatrix},\quad \boldsymbol{B}=\begin{pmatrix}b_1\\b_2\\\vdots\\b_m\end{pmatrix}$$

那么线性方程组

$$\begin{cases} a_{11}x_1 + a_{12}x_2 + \cdots + a_{1n}x_n = b_1 \\ a_{21}x_1 + a_{22}x_2 + \cdots + a_{2n}x_n = b_2 \\ \cdots\cdots\cdots\cdots \\ a_{m1}x_1 + a_{m2}x_2 + \cdots + a_{mn}x_n = b_m \end{cases} \tag{2-4}$$

可以表示为矩阵形式，即

$$\boldsymbol{AX} = \boldsymbol{B} \tag{2-5}$$

式中，$\boldsymbol{A}$ 称为线性方程组式（2-4）的系数矩阵；$\boldsymbol{X}$ 称为未知矩阵；$\boldsymbol{B}$ 称为常数项矩阵. 式（2-5）称为矩阵方程.

方程组的系数和常数项组成的矩阵

$$\tilde{\boldsymbol{A}} = \begin{pmatrix} a_{11} & a_{12} & \cdots & a_{1n} & b_1 \\ a_{21} & a_{22} & \cdots & a_{2n} & b_2 \\ \vdots & \vdots & & \vdots & \vdots \\ a_{m1} & a_{m2} & \cdots & a_{mn} & b_m \end{pmatrix} \tag{2-6}$$

称为线性方程组式（2-4）的增广矩阵.

2.2.3 矩阵的转置

定义 2 把矩阵

$$\boldsymbol{A} = \begin{pmatrix} a_{11} & a_{12} & \cdots & a_{1n} \\ a_{21} & a_{22} & \cdots & a_{2n} \\ \vdots & \vdots & & \vdots \\ a_{m1} & a_{m2} & \cdots & a_{mn} \end{pmatrix}$$

的行列对换所得到的矩阵

$$\begin{pmatrix} a_{11} & a_{21} & \cdots & a_{m1} \\ a_{12} & a_{22} & \cdots & a_{m2} \\ \vdots & \vdots & & \vdots \\ a_{1n} & a_{2n} & \cdots & a_{mn} \end{pmatrix}$$

称为矩阵 $\boldsymbol{A}$ 的转置矩阵，记为 $\boldsymbol{A}^{\mathrm{T}}$.

例 2-7 设

$$\boldsymbol{A} = \begin{pmatrix} 2 & -4 & 3 \\ -1 & 3 & -5 \end{pmatrix}$$

写出 $\boldsymbol{A}^{\mathrm{T}}$.

解

$$\boldsymbol{A}^{\mathrm{T}} = \begin{pmatrix} 2 & -1 \\ -4 & 3 \\ 3 & -5 \end{pmatrix}$$

矩阵的转置满足下列规则.

① $(\boldsymbol{A}^{\mathrm{T}})^{\mathrm{T}}=\boldsymbol{A}$.

② $(k\boldsymbol{A})^{\mathrm{T}}=k\boldsymbol{A}^{\mathrm{T}}$.

③ $(\boldsymbol{A}+\boldsymbol{B})^{\mathrm{T}}=\boldsymbol{A}^{\mathrm{T}}+\boldsymbol{B}^{\mathrm{T}}$.

④ $(\boldsymbol{AB})^{\mathrm{T}}=\boldsymbol{B}^{\mathrm{T}}\boldsymbol{A}^{\mathrm{T}}$.

例 2-8　设矩阵

$$\boldsymbol{A}=\begin{pmatrix}2&1\\4&2\\10&5\end{pmatrix},\ \boldsymbol{B}=\begin{pmatrix}1&2&-1\\1&-3&1\end{pmatrix}$$

求 $(\boldsymbol{AB})^{\mathrm{T}}$和$\boldsymbol{B}^{\mathrm{T}}\boldsymbol{A}^{\mathrm{T}}$.

解

$$\boldsymbol{AB}=\begin{pmatrix}2&1\\4&2\\10&5\end{pmatrix}\begin{pmatrix}1&2&-1\\1&-3&1\end{pmatrix}=\begin{pmatrix}3&1&-1\\6&2&-2\\15&5&-5\end{pmatrix}$$

从而

$$(\boldsymbol{AB})^{\mathrm{T}}=\begin{pmatrix}3&6&15\\1&2&5\\-1&-2&-5\end{pmatrix}$$

因为

$$\boldsymbol{A}^{\mathrm{T}}=\begin{pmatrix}2&4&10\\1&2&5\end{pmatrix},\ \boldsymbol{B}^{\mathrm{T}}=\begin{pmatrix}1&1\\2&-3\\-1&1\end{pmatrix}$$

故有

$$\boldsymbol{B}^{\mathrm{T}}\boldsymbol{A}^{\mathrm{T}}=\begin{pmatrix}1&1\\2&-3\\-1&1\end{pmatrix}\begin{pmatrix}2&4&10\\1&2&5\end{pmatrix}=\begin{pmatrix}3&6&15\\1&2&5\\-1&-2&-5\end{pmatrix}$$

验证了 $(\boldsymbol{AB})^{\mathrm{T}}=\boldsymbol{B}^{\mathrm{T}}\boldsymbol{A}^{\mathrm{T}}$ 成立.

定义 3　若矩阵 $\boldsymbol{A}$ 满足 $\boldsymbol{A}^{\mathrm{T}}=\boldsymbol{A}$，则称 $\boldsymbol{A}$ 为对称矩阵.

显然，对称矩阵必为方阵，如果 $\boldsymbol{A}$ 为 n 阶对称矩阵，则有 $a_{ij}=a_{ji}\ (i,j=1,2,\cdots,n)$，即 $\boldsymbol{A}$ 的元素关于主对角线对称.例如，

$$\begin{pmatrix}1&3\\3&2\end{pmatrix},\ \begin{pmatrix}1&0&-2\\0&2&4\\-2&4&3\end{pmatrix}$$

都是对称矩阵.

2.2.4 方阵的行列式

定义 4 设 $\boldsymbol{A}$ 为 n 阶方阵，它所对应的 n 阶行列式称为方阵 $\boldsymbol{A}$ 的行列式，记为

$$|\boldsymbol{A}|=\det\left[a_{ij}\right]=\begin{vmatrix} a_{11} & a_{12} & \cdots & a_{1n} \\ a_{21} & a_{22} & \cdots & a_{2n} \\ \vdots & \vdots & & \vdots \\ a_{m1} & a_{m2} & \cdots & a_{mn} \end{vmatrix}$$

需要注意的是，只有方阵才有对应的行列式，并且方阵与行列式是两个完全不同的概念，方阵是一个**数表**，而行列式实质上是一个**数**.

对于 n 阶方阵的行列式，有如下定理.

定理 设 $\boldsymbol{A},\boldsymbol{B}$ 均为 n 阶方阵，k 为常数，则

① $|\boldsymbol{A}^{\mathrm{T}}|=|\boldsymbol{A}|$.

② $|k\boldsymbol{A}|=k^{n}|\boldsymbol{A}|$.

③ $|\boldsymbol{A}\boldsymbol{B}|=|\boldsymbol{A}|\cdot|\boldsymbol{B}|$.

习题 2.2

1. 已知 $\boldsymbol{A}=\begin{pmatrix} 3 & 6 & 2 \\ 2 & 4 & 7 \\ -1 & 2 & 5 \end{pmatrix}$，求 $\boldsymbol{A}+\boldsymbol{A}^{\mathrm{T}}$ 和 $\boldsymbol{A}-\boldsymbol{A}^{\mathrm{T}}$.

2. 设 $\boldsymbol{A}=\begin{pmatrix} -1 & 2 & 3 & 1 \\ 0 & 3 & -2 & 1 \\ 4 & 0 & 3 & 2 \end{pmatrix}$，$\boldsymbol{B}=\begin{pmatrix} 4 & 3 & 2 & 1 \\ 5 & -3 & 0 & 1 \\ 1 & 2 & -5 & 0 \end{pmatrix}$，并且 $\boldsymbol{A}+2\boldsymbol{X}=\boldsymbol{B}$，求 $\boldsymbol{X}$.

3. 计算.

（1）$\begin{pmatrix} 1 \\ 0 \end{pmatrix}\begin{pmatrix} 0 & 1 \end{pmatrix}$；　　（2）$\begin{pmatrix} 1 & 0 \end{pmatrix}\begin{pmatrix} 0 \\ 1 \end{pmatrix}$；

（3）$\begin{pmatrix} 2 \\ 1 \\ -1 \\ 3 \end{pmatrix}\begin{pmatrix} -2 & 1 & 0 \end{pmatrix}$；　　（4）$\begin{pmatrix} 1 & 0 & 3 & -1 \\ 2 & 1 & 0 & 2 \end{pmatrix}\begin{pmatrix} 4 & 1 & 0 \\ -1 & 1 & 3 \\ 2 & 0 & 1 \\ 1 & 3 & 4 \end{pmatrix}$；

（5）$\begin{pmatrix} 9 & 9 & 2 & -12 \\ 0 & 1 & 0 & 0 \\ 0 & 0 & 1 & 0 \\ 0 & 0 & 0 & 1 \end{pmatrix}\begin{pmatrix} -1 & 0 & 1 & 2 \\ 9 & 9 & 2 & -12 \\ 0 & 1 & 0 & 0 \\ 0 & 0 & 1 & 0 \end{pmatrix}\begin{pmatrix} \frac{1}{9} & -1 & -\frac{2}{9} & \frac{12}{9} \\ 0 & 1 & 0 & 0 \\ 0 & 0 & 1 & 0 \\ 0 & 0 & 0 & 1 \end{pmatrix}$.

4. 设 $\boldsymbol{A}=\begin{pmatrix}\cos\theta & \sin\theta\\ -\sin\theta & \cos\theta\end{pmatrix}$，$\boldsymbol{B}=\boldsymbol{A}^{\mathrm{T}}$，求证 $\boldsymbol{AB}=\boldsymbol{BA}=\boldsymbol{I}$.

5. 用矩阵 $\boldsymbol{A}=\begin{pmatrix}1 & 1\\ 0 & 3\end{pmatrix}$，$\boldsymbol{B}=\begin{pmatrix}1 & 0\\ 2 & 1\end{pmatrix}$，验证 $(\boldsymbol{AB})^{\mathrm{T}}=\boldsymbol{B}^{\mathrm{T}}\boldsymbol{A}^{\mathrm{T}}$.

6. 已知 $\boldsymbol{A}=\begin{pmatrix}a_{11} & a_{12} & a_{13}\\ a_{21} & a_{22} & a_{23}\\ a_{31} & a_{32} & a_{33}\end{pmatrix}$，求证：（1）$\boldsymbol{A}+\boldsymbol{A}^{\mathrm{T}}$ 为对称矩阵；（2）$|k\boldsymbol{A}|=k^3|\boldsymbol{A}|$，其中 k 为常数.

2.3 矩阵的初等变换与矩阵的秩

2.3.1 矩阵的初等变换

用消元法求解线性方程组的基本思想是利用方程组中方程之间的算术运算，使一部分方程所含未知量的个数减少（消元）.现举例说明用消元法解线性方程组的规律.

例 2-9 解三元线性方程组

$$\begin{cases}\dfrac{1}{2}x_1+\dfrac{1}{3}x_2+x_3=1 & (1)\\ x_1+\dfrac{5}{3}x_2+3x_3=3 & (2)\\ 2x_1+\dfrac{4}{3}x_2+5x_3=2 & (3)\end{cases}$$

解 交换方程式（1）、（2）的位置，得

$$\begin{cases}x_1+\dfrac{5}{3}x_2+3x_3=3 & (2)\\ \dfrac{1}{2}x_1+\dfrac{1}{3}x_2+x_3=1 & (1)\\ 2x_1+\dfrac{4}{3}x_2+5x_3=2 & (3)\end{cases}$$

把方程式（2）分别乘以 $\left(-\dfrac{1}{2}\right)$ 和 (-2)，分别加到方程式（1）和（3）上，得

$$\begin{cases}x_1+\dfrac{5}{3}x_2+3x_3=3 & (2)\\ -\dfrac{1}{2}x_2-\dfrac{1}{2}x_3=-\dfrac{1}{2} & (4)\\ -2x_2-x_3=-4 & (5)\end{cases}$$

把方程式（4）乘以 (-2)，得

$$\begin{cases} x_1 + \dfrac{5}{3}x_2 + 3x_3 = 3 & (2) \\ x_2 + x_3 = 1 & (6) \\ -2x_2 - x_3 = -4 & (5) \end{cases}$$

把方程式（6）乘以 2 加到方程式（5）上，得

$$\begin{cases} x_1 + \dfrac{5}{3}x_2 + 3x_3 = 3 & (2) \\ x_2 + x_3 = 1 & (6) \\ x_3 = -2 & (7) \end{cases}$$

最后一个方程组称为阶梯形方程组，只要把方程式（7）依次代入方程式（6）、（2），就可求得原方程组的一组解，即

$$x_1 = 4\,,\quad x_2 = 3\,,\quad x_3 = -2$$

上述求解过程运用了下面三种变换方法.

① 交换两个方程的位置；

② 用一个非零的数乘以方程；

③ 用一个非零的数乘以某个方程后加到另一个方程上.

将任意一个方程组进行上述三种变换所得到的新方程组与原方程组是同解方程组，这三种变换称为线性方程组的初等变换.

在对方程组进行初等变换时，只是对方程组的系数和常数项进行运算，而未知量并未加入运算.因此，对方程组进行初等变换，实质上是对方程组的增广矩阵进行相应的变换，现将上述变换过程对比如下：

$$\begin{pmatrix} \frac{1}{2} & \frac{1}{3} & 1 & 1 \\ 1 & \frac{5}{3} & 3 & 3 \\ 2 & \frac{4}{3} & 5 & 2 \end{pmatrix} \xrightarrow{r_1 \leftrightarrow r_2} \begin{pmatrix} 1 & \frac{5}{3} & 3 & 3 \\ \frac{1}{2} & \frac{1}{3} & 1 & 1 \\ 2 & \frac{4}{3} & 5 & 2 \end{pmatrix} \xrightarrow[r_3 - 2r_1]{r_2 - \frac{1}{2}r_1} \begin{pmatrix} 1 & \frac{5}{3} & 3 & 3 \\ 0 & -\frac{1}{2} & -\frac{1}{2} & -\frac{1}{2} \\ 0 & -2 & -1 & -4 \end{pmatrix}$$

$$\xrightarrow{-2r_2} \begin{pmatrix} 1 & \frac{5}{3} & 3 & 3 \\ 0 & 1 & 1 & 1 \\ 0 & -2 & -1 & -4 \end{pmatrix} \xrightarrow{r_3 + 2r_2} \begin{pmatrix} 1 & \frac{5}{3} & 3 & 3 \\ 0 & 1 & 1 & 1 \\ 0 & 0 & 1 & -2 \end{pmatrix}$$

类似于线性方程组的初等变换，有下面的定义.

定义 1 对矩阵的行（列）做以下三种变换，称为矩阵的初等行（列）变换.

① 交换矩阵的任意两行（列）；

② 用一个非零的数乘以矩阵的某一行（列）；

③ 用一个非零的数乘以矩阵的某一行（列）后加到另一行（列）上.

矩阵的初等行变换与初等列变换统称为矩阵的初等变换.

例 2-10　用初等行变换将矩阵 $\boldsymbol{A}=\begin{pmatrix}2&3&1\\0&1&3\\1&2&5\end{pmatrix}$ 化为单位矩阵.

解　$$\boldsymbol{A}=\begin{pmatrix}2&3&1\\0&1&3\\1&2&5\end{pmatrix}\xrightarrow{r_1\leftrightarrow r_3}\begin{pmatrix}1&2&5\\0&1&3\\2&3&1\end{pmatrix}\xrightarrow{r_3-2r_1}\begin{pmatrix}1&2&5\\0&1&3\\0&-1&-9\end{pmatrix}$$

$$\xrightarrow{r_3+r_2}\begin{pmatrix}1&2&5\\0&1&3\\0&0&-6\end{pmatrix}\xrightarrow{-\frac{1}{6}r_3}\begin{pmatrix}1&2&5\\0&1&3\\0&0&1\end{pmatrix}\xrightarrow[r_1-5r_3]{r_2-3r_3}\begin{pmatrix}1&2&0\\0&1&0\\0&0&1\end{pmatrix}\xrightarrow{r_1-2r_2}\begin{pmatrix}1&0&0\\0&1&0\\0&0&1\end{pmatrix}$$

定理　当方阵 $\boldsymbol{A}$ 的行列式 $\det\boldsymbol{A}\neq 0$ 时，可以用初等行变换将 $\boldsymbol{A}$ 化为单位矩阵.

对一个 n 元线性方程组，当它的系数行列式不等于零时，只要对方程组的增广矩阵施以适当的初等行变换就可使它变为

$$\begin{pmatrix}1&0&\cdots&0&e_1\\0&1&\cdots&0&e_2\\\vdots&\vdots&&\vdots&\vdots\\0&0&\cdots&1&e_n\end{pmatrix}$$

那么方程组的解为 $x_1=e_1$，$x_2=e_2$，…，$x_n=e_n$.

这种解方程组的方法称为高斯-约当消元法.

例 2-11　用高斯-约当消元法解线性方程组 $\begin{cases}x_1+2x_2-x_3=-4\\x_1+\ x_2+x_3=\ 3\\3x_1-2x_2-x_3=\ 2\end{cases}$.

解　$$\tilde{A}=\begin{pmatrix}1&2&-1&-4\\1&1&1&3\\3&-2&-1&2\end{pmatrix}\xrightarrow[r_3-3r_1]{r_2-r_1}\begin{pmatrix}1&2&-1&-4\\0&-1&2&7\\0&-8&2&14\end{pmatrix}$$

$$\xrightarrow[r_3-8r_2]{r_1+2r_2}\begin{pmatrix}1&0&3&10\\0&-1&2&7\\0&0&-14&-42\end{pmatrix}\xrightarrow[-\frac{1}{14}r_3]{(-1)\times r_2}\begin{pmatrix}1&0&3&10\\0&1&-2&-7\\0&0&1&3\end{pmatrix}\xrightarrow[r_2+2r_3]{r_1-3r_3}\begin{pmatrix}1&0&0&1\\0&1&0&-1\\0&0&1&3\end{pmatrix}$$

所以方程组的解为

$$x_1=1，\ x_2=-1，\ x_3=3$$

2.3.2　矩阵的秩

下面介绍矩阵的子式和矩阵的秩的概念.

定义 2　在 m 行 n 列的矩阵 $\boldsymbol{A}$ 中任取 k 行 k 列，由位于这些行、列相交处的元素所构成的行列式，叫作矩阵 $\boldsymbol{A}$ 的 k 阶子式.例如，矩阵

$$A\begin{pmatrix}1 & 2 & 2 & 11\\ 1 & -3 & -3 & -14\\ 3 & 1 & 1 & 8\end{pmatrix}$$

式中，第一、第二行和第二、第四列相交处的元素构成的二阶子式是$\begin{vmatrix}2 & 11\\ -3 & -14\end{vmatrix}$.

一个 n 阶方阵 A 的 n 阶子式就是 A 的行列式 $\det A$.

定义 3 矩阵 A 中不为零的子式的最高阶数 r，称为矩阵 A 的秩，记作 $R(A)$，即

$$R(A)=r$$

根据定义求一个非零矩阵 A 的秩，一般来说，应从二阶子式开始逐一计算，如果所有二阶子式都为零，则 $R(A)=1$；如果其中一个二阶子式不为零，则计算 A 的三阶子式.如果所有三阶子式都为零，则 $R(A)=2$；如果其中一个三阶子式不为零，则计算 A 的四阶子式，直到求出 A 的秩为止.

例 2-12 求矩阵 $A=\begin{pmatrix}1 & 2 & 2 & 11\\ 1 & -3 & -3 & -14\\ 3 & 1 & 1 & 8\end{pmatrix}$ 的秩.

解 首先计算 A 的二阶子式，因为

$$\begin{vmatrix}1 & 2\\ 1 & -3\end{vmatrix}\neq 0$$

所以计算 A 的三阶子式，不难验证 A 的四个三阶子式

$$\begin{vmatrix}1 & 2 & 2\\ 1 & -3 & -3\\ 3 & 1 & 1\end{vmatrix},\ \begin{vmatrix}1 & 2 & 11\\ 1 & -3 & -14\\ 3 & 1 & 8\end{vmatrix},\ \begin{vmatrix}1 & 2 & 11\\ 1 & -3 & -14\\ 3 & 1 & 8\end{vmatrix},\ \begin{vmatrix}2 & 2 & 11\\ -3 & -3 & -14\\ 1 & 1 & 8\end{vmatrix}$$

都为零，所以 $R(A)=2$.

由定义求矩阵 A 的秩，一般来说要计算许多行列式，很麻烦.初等变换可以把 A 化为求秩较为方便的矩阵 B，可以证明，初等变换不改变矩阵的秩.因此常用初等行变换求矩阵的秩.其方法是，通过初等行变换将矩阵化为阶梯形矩阵，其中非零行的行数即矩阵的秩.

例 2-13 用初等变换求矩阵 $A=\begin{pmatrix}1 & 2 & 3 & 4\\ 1 & -3 & -3 & 7\\ 3 & 6 & 1 & 2\end{pmatrix}$ 的秩.

解 $A=\begin{pmatrix}1 & 2 & 3 & 4\\ 1 & -3 & -3 & 7\\ 3 & 6 & 1 & 2\end{pmatrix}\xrightarrow[r_3-3r_1]{r_2-r_1}\begin{pmatrix}1 & 2 & 3 & 4\\ 0 & -5 & -6 & 3\\ 0 & 0 & -8 & -10\end{pmatrix}=B$

因为 $R(B)=3$，所以 $R(A)=3$.

例 2-14　求矩阵 $\boldsymbol{A}=\begin{pmatrix}1&1&2&2&1\\0&2&1&5&-1\\2&0&3&-1&3\\1&1&0&4&-1\end{pmatrix}$ 的秩.

解　$$\boldsymbol{A}=\begin{pmatrix}1&1&2&2&1\\0&2&1&5&-1\\2&0&3&-1&3\\1&1&0&4&-1\end{pmatrix}\xrightarrow[r_4-r_1]{r_3-2r_1}\begin{pmatrix}1&1&2&2&1\\0&2&1&5&-1\\0&-2&-1&-5&1\\0&0&-2&2&-2\end{pmatrix}\xrightarrow{r_3+r_2}$$

$$\begin{pmatrix}1&1&2&2&1\\0&2&1&5&-1\\0&0&0&0&0\\0&0&-2&2&-2\end{pmatrix}\xrightarrow{r_3\leftrightarrow r_4}\begin{pmatrix}1&1&2&2&1\\0&2&1&5&-1\\0&0&-2&2&-2\\0&0&0&0&0\end{pmatrix}=\boldsymbol{B}$$

因为 $R(\boldsymbol{B})=3$，所以 $R(\boldsymbol{A})=3$.

阶梯形矩阵的特点：每个阶梯只有一行，阶梯线下方的元素都是 0.

对矩阵 $\boldsymbol{B}$ 还可以用初等行变换化成行简化阶梯形矩阵.

$$\boldsymbol{B}=\begin{pmatrix}1&1&2&2&1\\0&2&1&5&-1\\0&0&-2&2&-2\\0&0&0&0&0\end{pmatrix}\xrightarrow[-\frac{1}{2}r_3]{\frac{1}{2}r_2}\begin{pmatrix}1&1&2&2&1\\0&1&\frac{1}{2}&\frac{5}{2}&-\frac{1}{2}\\0&0&1&-1&1\\0&0&0&0&0\end{pmatrix}$$

$$\xrightarrow{r_1-r_2}\begin{pmatrix}1&0&\frac{3}{2}&-\frac{1}{2}&\frac{3}{2}\\0&1&\frac{1}{2}&\frac{5}{2}&-\frac{1}{2}\\0&0&1&-1&1\\0&0&0&0&0\end{pmatrix}\xrightarrow[r_2-\frac{1}{2}r_3]{r_1-\frac{3}{2}r_3}\begin{pmatrix}1&0&0&1&0\\0&1&0&3&-1\\0&0&1&-1&1\\0&0&0&0&0\end{pmatrix}$$

行简化阶梯形矩阵的特点：非零行的首非零元素为 1，且所有首非零元素所在列的其余元素都是 0.

习题 2.3

1.用高斯-约当消元法解下列方程组.

（1）$\begin{cases}x_1+2x_2+3x_3=-7\\2x_1-x_2+2x_3=-8\\x_1+3x_2\qquad\;\;=7\end{cases}$；

（2）$\begin{cases} 2x_1 - 3x_2 + x_3 - x_4 = 3 \\ 3x_1 + x_2 + x_3 + x_4 = 0 \\ 4x_1 - x_2 - x_3 - x_4 = 7 \\ -2x_1 - x_2 + x_3 + x_4 = -5 \end{cases}$.

2. 求下列矩阵的秩.

（1）$\begin{pmatrix} 1 & 2 & -3 \\ -1 & -3 & 4 \\ 1 & 1 & -2 \end{pmatrix}$；　　（2）$\begin{pmatrix} 4 & 1 & -1 & 2 \\ -2 & 2 & 8 & 14 \\ 1 & -2 & -7 & 13 \end{pmatrix}$；

（3）$\begin{pmatrix} 2 & 0 & 2 & 0 & 2 \\ 0 & 1 & 0 & 1 & 0 \\ 2 & 1 & 0 & 2 & 1 \\ 0 & 1 & 0 & 1 & 0 \end{pmatrix}$；　　（4）$\begin{pmatrix} 1 & 0 & 0 & 1 & 4 \\ 0 & 1 & 0 & 2 & 5 \\ 0 & 0 & 1 & 3 & 6 \\ 1 & 2 & 3 & 14 & 32 \\ 4 & 5 & 6 & 32 & 77 \end{pmatrix}$.

2.4 逆矩阵

2.4.1 逆矩阵的概念

代数方程 $ax = b$，当 $a \neq 0$ 时，其解为 $x = a^{-1}b$.

那么，矩阵方程 $\boldsymbol{AX} = \boldsymbol{B}$，当 $\boldsymbol{A}$ 为非零矩阵时，其解是否也可以写成 $\boldsymbol{X} = \boldsymbol{A}^{-1}\boldsymbol{B}$ 呢？如果可以，$\boldsymbol{A}^{-1}$ 的含义是什么呢？

定义 1　设 n 阶矩阵 $\boldsymbol{A}$，如果存在 n 阶矩阵 $\boldsymbol{C}$，使得 $\boldsymbol{AC} = \boldsymbol{CA} = \boldsymbol{I}$，则称 $\boldsymbol{A}$ 是可逆的，$\boldsymbol{C}$ 叫作 $\boldsymbol{A}$ 的逆矩阵，记作 $\boldsymbol{A}^{-1}$，即

$$\boldsymbol{AA}^{-1} = \boldsymbol{A}^{-1}\boldsymbol{A} = \boldsymbol{I}$$

2.4.2 逆矩阵的性质

① 如果 $\boldsymbol{A}$ 有逆矩阵，则其逆矩阵是唯一的.

事实上，设 $\boldsymbol{B}$、$\boldsymbol{C}$ 都是 $\boldsymbol{A}$ 的逆矩阵，则

$$\boldsymbol{AB} = \boldsymbol{BA} = \boldsymbol{I},\quad \boldsymbol{AC} = \boldsymbol{CA} = \boldsymbol{I}$$

于是

$$\boldsymbol{B} = \boldsymbol{BI} = \boldsymbol{B}(\boldsymbol{AC}) = (\boldsymbol{BA})\boldsymbol{C} = \boldsymbol{IC} = \boldsymbol{C}$$

② $\boldsymbol{A}$ 的逆矩阵的逆矩阵是 $\boldsymbol{A}$，即 $\left(\boldsymbol{A}^{-1}\right)^{-1} = \boldsymbol{A}$.

③ 如果 n 阶矩阵 $\boldsymbol{A}$、$\boldsymbol{B}$ 的逆矩阵都存在，那么它们乘积的逆矩阵也存在，并且

$$(\boldsymbol{AB})^{-1} = \boldsymbol{B}^{-1}\boldsymbol{A}^{-1}$$

事实上

$$(AB)B^{-1}A^{-1}=A\left(BB^{-1}\right)A^{-1}=AIA^{-1}=AA^{-1}=I$$

$$\left(B^{-1}A^{-1}\right)(AB)=B^{-1}\left(A^{-1}A\right)B=B^{-1}IB=B^{-1}B=I$$

于是 $(AB)^{-1}=B^{-1}A^{-1}$.

2.4.3　逆矩阵的求法

定义 2　如果 n 阶矩阵 A 的行列式 $\det A\neq 0$，则称 A 为非奇异矩阵，否则称 A 为奇异矩阵.

设矩阵 $A=\begin{pmatrix}a_{11}&a_{12}&a_{13}\\a_{21}&a_{22}&a_{23}\\a_{31}&a_{32}&a_{33}\end{pmatrix}$，$A^{-1}=\begin{pmatrix}x_{11}&x_{12}&x_{13}\\x_{21}&x_{22}&x_{23}\\x_{31}&x_{32}&x_{33}\end{pmatrix}$.由 $AA^{-1}=I$，即

$$\begin{pmatrix}a_{11}&a_{12}&a_{13}\\a_{21}&a_{22}&a_{23}\\a_{31}&a_{32}&a_{33}\end{pmatrix}\begin{pmatrix}x_{11}&x_{12}&x_{13}\\x_{21}&x_{22}&x_{23}\\x_{31}&x_{32}&x_{33}\end{pmatrix}=\begin{pmatrix}1&0&0\\0&1&0\\0&0&1\end{pmatrix}$$

根据矩阵乘法及矩阵相等的概念可得

$$\begin{cases}a_{11}x_{11}+a_{12}x_{21}+a_{13}x_{31}=1\\a_{21}x_{11}+a_{22}x_{21}+a_{23}x_{31}=0\\a_{31}x_{11}+a_{32}x_{21}+a_{33}x_{31}=0\end{cases}$$

如果 $|A|\neq 0$，则应用克莱姆法则，有

$$x_{11}=\frac{1}{\det A}\begin{vmatrix}1&a_{12}&a_{13}\\0&a_{22}&a_{23}\\0&a_{32}&a_{33}\end{vmatrix}=\frac{A_{11}}{\det A}$$

$$x_{21}=\frac{1}{\det A}\begin{vmatrix}a_{11}&1&a_{13}\\a_{21}&0&a_{23}\\a_{31}&0&a_{33}\end{vmatrix}=\frac{A_{12}}{\det A}$$

$$x_{31}=\frac{1}{\det A}\begin{vmatrix}a_{11}&a_{12}&1\\a_{21}&a_{22}&0\\a_{31}&a_{32}&0\end{vmatrix}=\frac{A_{13}}{\det A}$$

同样可得

$$x_{12}=\frac{A_{21}}{\det A},\quad x_{22}=\frac{A_{22}}{\det A},\quad x_{32}=\frac{A_{23}}{\det A}$$

$$x_{13}=\frac{A_{31}}{\det A},\quad x_{23}=\frac{A_{32}}{\det A},\quad x_{33}=\frac{A_{33}}{\det A}$$

所以

$$A^{-1}=\frac{1}{\det A}\begin{pmatrix} A_{11} & A_{21} & A_{31} \\ A_{12} & A_{22} & A_{32} \\ A_{13} & A_{23} & A_{33} \end{pmatrix}$$

这就是说，如果矩阵 $\boldsymbol{A}$ 是非奇异矩阵，那么它的逆矩阵 $\boldsymbol{A}^{-1}$ 存在，并且可由上式求出.

反过来，如果存在 $\boldsymbol{A}^{-1}$，使得

$$\boldsymbol{A}\boldsymbol{A}^{-1}=\boldsymbol{I}$$

则有

$$\det(\boldsymbol{A}\boldsymbol{A}^{-1})=\det \boldsymbol{I}=1$$

可以证明

$$\det(\boldsymbol{A}\boldsymbol{A}^{-1})=\det \boldsymbol{A}\cdot\det \boldsymbol{A}^{-1}$$

所以 $|\boldsymbol{A}|\neq 0$，即 $\boldsymbol{A}$ 是非奇异矩阵.

一般地，有下面的定理.

定理 1 n 阶矩阵 $\boldsymbol{A}$ 可逆的充分必要条件是 $\boldsymbol{A}$ 为非奇异矩阵，并且

$$\boldsymbol{A}^{-1}=\frac{1}{\det \boldsymbol{A}}\boldsymbol{A}^{*}$$

式中，

$$\boldsymbol{A}^{*}=\begin{pmatrix} A_{11} & A_{21} & \cdots & A_{n1} \\ A_{12} & A_{22} & \cdots & A_{n2} \\ \vdots & \vdots & & \vdots \\ A_{1n} & A_{2n} & \cdots & A_{nn} \end{pmatrix}$$

称为 $\boldsymbol{A}$ 的伴随矩阵. A_{ij}（$i,j=1,2,\cdots,n$）是 $\boldsymbol{A}$ 的元素 a_{ij} 的代数余子式.

例 2-15 判断矩阵 $\boldsymbol{A}=\begin{pmatrix} 1 & 2 & 3 \\ 2 & 0 & 1 \\ -1 & 1 & 0 \end{pmatrix}$ 是否可逆.如果可逆，则求 $\boldsymbol{A}^{-1}$.

解 因为 $\begin{vmatrix} 1 & 2 & 3 \\ 2 & 0 & 1 \\ -1 & 1 & 0 \end{vmatrix}=3\neq 0$，所以矩阵 $\boldsymbol{A}$ 是可逆的.又因为

$$A_{11}=\begin{vmatrix} 0 & 1 \\ 1 & 0 \end{vmatrix}=-1，\quad A_{12}=-\begin{vmatrix} 2 & 1 \\ -1 & 0 \end{vmatrix}=-1，\quad A_{13}=\begin{vmatrix} 2 & 0 \\ -1 & 1 \end{vmatrix}=2$$

$$A_{21}=-\begin{vmatrix} 2 & 3 \\ 1 & 0 \end{vmatrix}=3，\quad A_{22}=\begin{vmatrix} 1 & 3 \\ -1 & 0 \end{vmatrix}=3，\quad A_{23}=-\begin{vmatrix} 1 & 2 \\ -1 & 1 \end{vmatrix}=-3$$

$$A_{31}=\begin{vmatrix} 2 & 3 \\ 0 & 1 \end{vmatrix}=2，\quad A_{32}=-\begin{vmatrix} 1 & 3 \\ 2 & 1 \end{vmatrix}=5，\quad A_{33}=\begin{vmatrix} 1 & 2 \\ 2 & 0 \end{vmatrix}=-4$$

所以

$$A^{-1}=\frac{1}{3}\begin{pmatrix}-1&3&2\\-1&3&5\\2&-3&-4\end{pmatrix}=\begin{pmatrix}-\frac{1}{3}&1&\frac{2}{3}\\-\frac{1}{3}&1&\frac{5}{3}\\\frac{2}{3}&-1&-\frac{4}{3}\end{pmatrix}$$

一般来说，用伴随矩阵求逆矩阵是比较麻烦的.例如，求一个五阶矩阵的逆矩阵，要计算 1 个五阶行列式和 25 个四阶行列式.下面介绍用初等变换求逆矩阵的方法.

首先把方阵 $\boldsymbol{A}$ 和同阶的单位矩阵 $\boldsymbol{I}$ 写成长方矩阵 $(\boldsymbol{A}\vdots\boldsymbol{I})$，然后对该矩阵施以初等行变换，当 $\boldsymbol{A}$ 化为单位矩阵 $\boldsymbol{I}$ 时，虚线右边的 $\boldsymbol{I}$ 就变成了 $\boldsymbol{A}^{-1}$，即 $(\boldsymbol{A}\vdots\boldsymbol{I})\xrightarrow{\text{初等行变换}}(\boldsymbol{I}\vdots\boldsymbol{A}^{-1})$.

例 2-16　用初等变换的方法求例 2-15 中矩阵 $\boldsymbol{A}$ 的逆矩阵 $\boldsymbol{A}^{-1}$，其中

$$\boldsymbol{A}=\begin{pmatrix}1&2&3\\2&0&1\\-1&1&0\end{pmatrix}$$

解　$$(\boldsymbol{A}\vdots\boldsymbol{I})=\left(\begin{array}{ccc:ccc}1&2&3&1&0&0\\2&0&1&0&1&0\\-1&1&0&0&0&1\end{array}\right)\xrightarrow[r_3+r_1]{r_2-2r_1}\left(\begin{array}{ccc:ccc}1&2&3&1&0&0\\0&-4&-5&-2&1&0\\0&3&3&1&0&1\end{array}\right)$$

$$\xrightarrow[r_3+\frac{3}{4}r_2]{r_1+\frac{1}{2}r_2}\left(\begin{array}{ccc:ccc}1&0&\frac{1}{2}&0&\frac{1}{2}&0\\0&-4&-5&-2&1&0\\0&0&-\frac{3}{4}&-\frac{1}{2}&\frac{3}{4}&1\end{array}\right)\xrightarrow[-\frac{4}{3}r_3]{-\frac{1}{4}r_2}$$

$$\left(\begin{array}{ccc:ccc}1&0&\frac{1}{2}&0&\frac{1}{2}&0\\0&1&\frac{5}{4}&\frac{1}{2}&-\frac{1}{4}&0\\0&0&1&\frac{2}{3}&-1&-\frac{4}{3}\end{array}\right)\xrightarrow[r_2-\frac{5}{4}r_3]{r_1-\frac{1}{2}r_3}$$

$$\left(\begin{array}{ccc:ccc}1&0&0&-\frac{1}{3}&1&\frac{2}{3}\\0&1&0&-\frac{1}{3}&1&\frac{5}{3}\\0&0&1&\frac{2}{3}&-1&-\frac{4}{3}\end{array}\right)$$

于是

$$A^{-1}=\begin{pmatrix}-\frac{1}{3} & 1 & \frac{2}{3}\\ -\frac{1}{3} & 1 & \frac{5}{3}\\ \frac{2}{3} & -1 & -\frac{4}{3}\end{pmatrix}$$

用初等变换的方法求方阵 $\boldsymbol{A}$ 的逆矩阵，事先不必考虑 $\boldsymbol{A}^{-1}$ 是否存在，在初等变换过程中，如果发现虚线左边某一行的元素全为零，那么说明 $\boldsymbol{A}^{-1}$ 是不存在的.

2.4.4 用逆矩阵解线性方程组

对于矩阵方程 $\boldsymbol{AX}=\boldsymbol{B}$，如果存在 $\boldsymbol{A}^{-1}$，那么 $\boldsymbol{X}=\boldsymbol{A}^{-1}\boldsymbol{B}$.

例 2-17 用逆矩阵解线性方程组

$$\begin{cases}x_1+2x_2+3x_3=-6\\ 2x_1+\quad\quad x_3=0\\ -x_1+x_2\quad\quad=9\end{cases}$$

解 由例 2-16 知

$$A^{-1}=\begin{pmatrix}-\frac{1}{3} & 1 & \frac{2}{3}\\ -\frac{1}{3} & 1 & \frac{5}{3}\\ \frac{2}{3} & -1 & -\frac{4}{3}\end{pmatrix}$$

于是

$$X=\begin{pmatrix}-\frac{1}{3} & 1 & \frac{2}{3}\\ -\frac{1}{3} & 1 & \frac{5}{3}\\ \frac{2}{3} & -1 & -\frac{4}{3}\end{pmatrix}\begin{pmatrix}-6\\0\\9\end{pmatrix}=\begin{pmatrix}8\\17\\-16\end{pmatrix}$$

所以方程组的解为

$$x_1=8\text{，}\quad x_2=17\text{，}\quad x_3=-16$$

习题 2.4

1. 求下列矩阵的逆矩阵.

（1）$\begin{pmatrix} 1 & 2 & -3 \\ 0 & 1 & 2 \\ 0 & 0 & 1 \end{pmatrix}$；　　（2）$\begin{pmatrix} 3 & 2 & 1 \\ 6 & 4 & 2 \\ 1 & 2 & 5 \end{pmatrix}$；

（3）$\begin{pmatrix} \cos\alpha & \sin\alpha & 0 \\ -\sin\alpha & \cos\alpha & 0 \\ 0 & 0 & 1 \end{pmatrix}$；　　（4）$\begin{pmatrix} 3 & 0 & 8 \\ 3 & -1 & 6 \\ -2 & 0 & -5 \end{pmatrix}$；

（5）$\begin{pmatrix} 1 & -1 & 1 \\ 3 & 0 & 5 \\ -1 & 2 & 0 \end{pmatrix}$；　　（6）$\begin{pmatrix} 1 & 0 & 1 \\ 2 & 1 & 0 \\ -3 & 2 & -5 \end{pmatrix}$.

2. 求下列矩阵方程中的未知矩阵 $\boldsymbol{X}$.

（1）$\begin{pmatrix} 2 & 5 \\ 1 & 3 \end{pmatrix}\boldsymbol{X} = \begin{pmatrix} 4 & -6 \\ 2 & 1 \end{pmatrix}$；　　（2）$\begin{pmatrix} 1 & 2 \\ 2 & 4 \end{pmatrix}\boldsymbol{X} = \begin{pmatrix} 1 & 0 \\ 0 & 1 \end{pmatrix}$；

（3）$\begin{pmatrix} 3 & 0 & 8 \\ 3 & -1 & 6 \\ -2 & 0 & -5 \end{pmatrix}\boldsymbol{X} = \begin{pmatrix} 1 & -1 & 2 \\ -1 & 3 & 4 \\ -2 & 0 & 5 \end{pmatrix}$.

3. 用逆矩阵解下列线性方程组.

（1）$\begin{cases} 2x_1 + 3x_2 + x_3 = 11 \\ x_1 + x_2 + x_3 = 6 \\ 3x_1 - x_2 - x_3 = -2 \end{cases}$；　　（2）$\begin{cases} \frac{5}{8}x_1 - \frac{1}{2}x_2 + \frac{1}{8}x_3 = 0 \\ -\frac{1}{2}x_1 + x_2 - \frac{1}{2}x_3 = 0 \\ \frac{1}{8}x_1 - \frac{1}{2}x_2 + \frac{5}{8}x_3 = 1 \end{cases}$.

4. 设 $\det \boldsymbol{A} \neq 0$，并且 $\boldsymbol{AB} = \boldsymbol{BA}$，求证 $\boldsymbol{A}^{-1}\boldsymbol{B} = \boldsymbol{BA}^{-1}$.

5. 设矩阵 $\boldsymbol{A}$ 是非奇异的，并且 $\boldsymbol{AX} = \boldsymbol{AY}$，求证 $\boldsymbol{X} = \boldsymbol{Y}$.

2.5　矩阵的应用

矩阵在许多领域都有着广泛的应用，现举例说明.

2.5.1　编制通信密码

编制通信密码的方法之一是把字母用相应的数字表示，如用数字 1～26 分别作为 26 个英文字母 A～Z 的代码，用 27 和 28 分别作为空格符（v）和感叹号（!）的代码等，如下所示.

A	B	C	D	E	F	G	H	I	J	K	L	M	N	O	P	Q	R	S	T	U	V	W	X	Y	Z
↕	↕	↕	↕	↕	↕	↕	↕	↕	↕	↕	↕	↕	↕	↕	↕	↕	↕	↕	↕	↕	↕	↕	↕	↕	↕
1	2	3	4	5	6	7	8	9	10	11	12	13	14	15	16	17	18	19	20	21	22	23	24	25	26

∨	!
↕	↕
27	28

现要把下面的英文句子编成密码：TO ARMS!（准备战斗！）.

我们先把句子中的字符（包括空格符和感叹号）分组，如每三个字符分为一组，若最后一组不满三个则用空格符补齐，即

$$\begin{pmatrix}T\\O\\\vee\end{pmatrix},\begin{pmatrix}A\\R\\M\end{pmatrix},\begin{pmatrix}S\\!\\\vee\end{pmatrix}$$

用代码代替字符则得

$$\begin{pmatrix}20\\15\\27\end{pmatrix},\begin{pmatrix}1\\18\\13\end{pmatrix},\begin{pmatrix}19\\28\\27\end{pmatrix}$$

令

$$\boldsymbol{A}=\begin{pmatrix}20&1&19\\15&18&28\\27&13&27\end{pmatrix}$$

从而得到该句子的编码矩阵 $\boldsymbol{A}$.为了更好地保密，我们可以用一个列（行）数与 $\boldsymbol{A}$ 的行（列）数相同的可逆矩阵 $\boldsymbol{B}$（为了计算方便，要求 $\boldsymbol{B}$ 和 $\boldsymbol{B}^{-1}$ 的元素皆为整数），如取

$$\boldsymbol{B}=\begin{pmatrix}1&1&1\\1&2&1\\2&1&3\end{pmatrix}$$

去左（右）乘 $\boldsymbol{A}$，便得到该句子的密码矩阵，即

$$\boldsymbol{C}=\boldsymbol{BA}=\begin{pmatrix}1&1&1\\1&2&1\\2&1&3\end{pmatrix}\begin{pmatrix}20&1&19\\15&18&28\\27&13&27\end{pmatrix}=\begin{pmatrix}62&32&74\\77&50&102\\136&59&147\end{pmatrix}$$

要译出该句子，我们要用 $\boldsymbol{B}^{-1}$ 来左乘 $\boldsymbol{C}$，以便得到 $\boldsymbol{A}$，即

$$\boldsymbol{A}=\boldsymbol{B}^{-1}\boldsymbol{C}=\begin{pmatrix}5&-2&-1\\-1&1&0\\-3&1&1\end{pmatrix}\begin{pmatrix}62&32&74\\77&50&102\\136&59&147\end{pmatrix}=\begin{pmatrix}20&1&19\\15&18&28\\27&13&27\end{pmatrix}$$

再把各代码译成字母或符号，并按顺序排列.

由此可见，即使信息的编码矩阵 $\boldsymbol{A}$ 被人截获了，只要不泄露矩阵 $\boldsymbol{B}$，别人也无法破译

该信息，从而达到保密的目的.

2.5.2　投入产出分析

投入产出分析是由美国经济学家、1973 年诺贝尔经济学奖获得者瓦西里·里昂惕夫（Wassily Leontief）于 1936 年提出来的.

1. 投入产出平衡表

一个经济系统往往是由许多生产部门和非生产部门组成的有机整体.在从事任何一种经济活动时，必然要投入一定的财力、物力、人力等，而生产出来的产品一要补偿系统内各部门的生产性消耗，二要供社会使用.各部门之间在投入与产出上存在密切的联系.

现设系统由 m 个部门组成，分别用编号 $1,2,\cdots,m$ 来表示.我们把它们纵横交叉排列在一起，便得到一个反映各部门之间投入与产出关系的数表——投入产出平衡表，如表 2-2 所示.

表 2-2　投入产出平衡表

		部门				外部需求	总产出
		1	2	…	m		
部门	1	x_{11}	x_{12}	…	x_{1m}	y_1	x_1
	2	x_{21}	x_{22}	…	x_{2m}	y_2	x_2
	⋮	⋮	⋮	…	⋮	⋮	⋮
	m	x_{m1}	x_{m2}	…	x_{mn}	y_m	x_m
纯收益		z_1	z_2	…	z_m		
总产出		x_1	x_2	…	x_m		

其中，x_i（$i=1,2,\cdots,m$）为考察周期内部门 i 生产的产品（第 i 种产品）总量，y_i（$i=1,2,\cdots,m$）为考察周期内部门 i 提供给社会使用的产品数量，x_{ij} 为考察周期内部门 i 分配给部门 j（作为生产性消耗）的产品数量.

2. 投入产出平衡模型的分配方程组

由上述投入产出平衡表不难得到如下方程组：

$$\begin{cases} x_{11}+x_{12}+\cdots+x_{1m}+y_1=x_1 \\ x_{21}+x_{22}+\cdots+x_{2m}+y_2=x_2 \\ \cdots\cdots\cdots\cdots \\ x_{m1}+x_{m2}+\cdots+x_{mm}+y_m=x_m \end{cases} \tag{2-7}$$

它被称为投入产出平衡模型的**分配方程组**.

令

$$a_{ij}=\frac{x_{ij}}{x_j}\ (i,j=1,2,\cdots,m)$$

式中，a_{ij} 称为第 j 种产品对第 i 种产品的**直接消耗系数**，它表示每生产一个单位第 j 种产品所消耗的第 i 种产品的数量.

把上式改写为

$$x_{ij}=a_{ij}x_j\ (i,j=1,2,\cdots,m)$$

并代入式（2-7），得

$$\begin{cases} a_{11}x_1+a_{12}x_2+\cdots+a_{1m}x_m+y_1=x_1 \\ a_{21}x_1+a_{22}x_2+\cdots+a_{2m}x_m+y_2=x_2 \\ \cdots\cdots\cdots\cdots \\ a_{m1}x_1+a_{m2}x_2+\cdots+a_{mm}x_m+y_m=x_m \end{cases}$$

即

$$\sum_{j=1}^{m}a_{ij}x_j+y_i=x_i\ (i=1,2,\cdots,m)$$

将方程组表示成矩阵形式，得

$$\boldsymbol{A}\boldsymbol{x}+\boldsymbol{y}=\boldsymbol{x} \tag{2-8}$$

式中，

$$\boldsymbol{A}=\begin{pmatrix} a_{11} & a_{12} & \cdots & a_{1m} \\ a_{21} & a_{22} & \cdots & a_{2m} \\ \vdots & \vdots & & \vdots \\ a_{m1} & a_{m2} & \cdots & a_{mm} \end{pmatrix},\ \boldsymbol{x}=\begin{pmatrix} x_1 \\ x_2 \\ \vdots \\ x_m \end{pmatrix},\ \boldsymbol{y}=\begin{pmatrix} y_1 \\ y_2 \\ \vdots \\ y_m \end{pmatrix}$$

矩阵 $\boldsymbol{A}$ 称为投入产出平衡模型的**直接消耗系数矩阵**.

把式（2-8）改写为

$$(\boldsymbol{E}-\boldsymbol{A})\boldsymbol{x}=\boldsymbol{y} \tag{2-9}$$

矩阵$(\boldsymbol{E}-\boldsymbol{A})$称为**列昂节夫矩阵**.若$(\boldsymbol{E}-\boldsymbol{A})$可逆，则式（2-9）有解，即

$$\boldsymbol{x}=(\boldsymbol{E}-\boldsymbol{A})^{-1}\boldsymbol{y}$$

例 2-18 某企业在生产周期内的投入产出表如表 2-3 所示.

表 2-3 某企业在生产周期内的投入产出表

		部门			外部需求	总产出
		1	2	3		
部门	1	5000	11 000	10 000	24 000	50 000
	2	2000	1500	4000	17 500	25 000
	3	1000	1500	8000	19 500	30 000

（1）求直接消耗系数矩阵 $\boldsymbol{A}$.

（2）在直接消耗系数不变的情况下，若在下一生产周期，第 1、2、3 种产品的总产出分别增加 10 000、5000、8000 个单位，这三种产品能提供多少给外部需求？

（3）在直接消耗系数不变的情况下，若在下一生产周期，第 1、2、3 种产品的外部需求分别是 30 000、20 000、25 000 个单位，这三种产品的总产出分别为多少才能满足需求？

解 （1）因为

$$a_{11}=\frac{x_{11}}{x_1}=\frac{5000}{50\,000}=0.10,\qquad a_{12}=\frac{x_{12}}{x_2}=\frac{11\,000}{25\,000}=0.44$$

$$a_{13}=\frac{x_{13}}{x_3}=\frac{10\,000}{30\,000}\approx 0.33,\qquad a_{21}=\frac{x_{21}}{x_1}=\frac{2000}{50\,000}=0.04$$

$$a_{22}=\frac{x_{22}}{x_2}=\frac{1500}{25\,000}=0.06,\qquad a_{23}=\frac{x_{23}}{x_3}=\frac{4000}{30\,000}\approx 0.13$$

$$a_{31}=\frac{x_{31}}{x_1}=\frac{1000}{50\,000}=0.02,\qquad a_{32}=\frac{x_{32}}{x_2}=\frac{1500}{25\,000}=0.06$$

$$a_{33}=\frac{x_{33}}{x_3}=\frac{8000}{30\,000}\approx 0.27$$

所以

$$\boldsymbol{A}=\begin{pmatrix} a_{11} & a_{12} & a_{13} \\ a_{21} & a_{22} & a_{23} \\ a_{31} & a_{32} & a_{33} \end{pmatrix}=\begin{pmatrix} 0.10 & 0.44 & 0.33 \\ 0.04 & 0.06 & 0.13 \\ 0.02 & 0.06 & 0.27 \end{pmatrix}$$

（2）因为 $(\boldsymbol{E}-\boldsymbol{A})=\begin{pmatrix} 0.90 & -0.44 & -0.33 \\ -0.04 & 0.94 & -0.13 \\ -0.02 & -0.06 & 0.73 \end{pmatrix}$，

所以

$$\boldsymbol{y}=(\boldsymbol{E}-\boldsymbol{A})\boldsymbol{x}=\begin{pmatrix} 0.90 & -0.44 & -0.33 \\ -0.04 & 0.94 & -0.13 \\ -0.02 & -0.06 & 0.73 \end{pmatrix}\begin{pmatrix} 50\,000+10\,000 \\ 25\,000+5000 \\ 30\,000+8000 \end{pmatrix}$$

$$=\begin{pmatrix} 28\,260 \\ 20\,860 \\ 24\,740 \end{pmatrix}$$

（3）因为 $(\boldsymbol{E}-\boldsymbol{A})^{-1}=\begin{pmatrix} 1.170 & 0.575 & 0.563 \\ 0.054 & 1.104 & 0.223 \\ 0.035 & 0.106 & 1.391 \end{pmatrix}$，

所以

$$x=(E-A)^{-1}y=\begin{pmatrix}1.170&0.575&0.563\\0.054&1.104&0.223\\0.035&0.106&1.391\end{pmatrix}\begin{pmatrix}30\,000\\20\,000\\25\,000\end{pmatrix}=\begin{pmatrix}60\,675\\29\,275\\37\,945\end{pmatrix}$$

复习题 2

1. 问答题.

（1）行列式与矩阵有什么不同？

（2）矩阵 A 与 B 的乘积 AB 是否一定有意义？在什么情况下 AB 才有意义？

（3）对于矩阵 A,B,C，由 $AB=CB$ 成立是否一定能推出 $A=C$ 成立？

2. 设

$$A=\begin{pmatrix}2&-2&1\\1&1&-1\\1&-1&1\end{pmatrix}，B=\begin{pmatrix}-1&2&3\\1&2&2\\3&0&1\end{pmatrix}$$

求：（1）$2AB-3B$；（2）AB^{T}.

3. 设

$$A=\begin{pmatrix}1&0&3\\0&2&1\\0&0&1\end{pmatrix}，B=\begin{pmatrix}1&0&0\\0&2&1\\3&0&1\end{pmatrix}$$

求：（1）$(A+B)(A-B)$；（2）A^2-B^2.

4. 计算.

（1）$\begin{pmatrix}1&1\\0&1\end{pmatrix}^n$；（2）$\begin{pmatrix}1&1\\1&1\end{pmatrix}^n$；（3）$\begin{pmatrix}a&0&0\\0&b&0\\0&0&c\end{pmatrix}^n$；

（4）$(a\quad b\quad c)\begin{pmatrix}a\\b\\c\end{pmatrix}$；（5）$\begin{pmatrix}a\\b\\c\end{pmatrix}(a\quad b\quad c)$.

5. 设矩阵

$$A=\begin{pmatrix}5&3&0&0\\2&1&0&0\\0&0&8&3\\0&0&5&2\end{pmatrix}，B=\begin{pmatrix}3&2&0&0\\4&5&0&0\\0&0&4&1\\0&0&6&2\end{pmatrix}$$

求 $AB-BA$.

6. 设 n 阶方阵 A 满足 $A^2-5A+5E=O_n$，证明矩阵 $A-2E$ 可逆，并求其逆矩阵.

7. 求下列矩阵的逆矩阵.

（1）$A=\begin{pmatrix}2&1\\3&4\end{pmatrix}$；　　（2）$A=\begin{pmatrix}2&2&3\\1&-1&0\\-1&2&1\end{pmatrix}$；

（3）$A=\begin{pmatrix}0&1&2\\1&1&4\\2&-1&0\end{pmatrix}$；　　（4）$A=\begin{pmatrix}1&2&0&0&0\\0&3&0&0&0\\0&0&4&0&0\\0&0&0&5&0\\0&0&0&2&-4\end{pmatrix}$.

8. 设矩阵 A 的逆矩阵 $A^{-1}=\begin{pmatrix}2&2&3\\1&-1&0\\-1&2&1\end{pmatrix}$，求伴随矩阵 A^* 的逆矩阵.

9. 求下列矩阵的秩.

（1）$\begin{pmatrix}1&-1&2\\3&2&1\\1&-2&0\end{pmatrix}$；（2）$\begin{pmatrix}1&1&-2&3\\3&2&-8&7\\1&-1&-6&-1\end{pmatrix}$；

（3）$\begin{pmatrix}1&1&1&4&-3\\2&1&3&5&-5\\1&-1&3&-2&-1\\3&1&5&6&-7\end{pmatrix}$；（4）$\begin{pmatrix}3&2&-1&-3&-2\\2&-1&3&1&-3\\4&5&-5&-6&1\\5&1&2&-2&-5\end{pmatrix}$.

10. 问 a,b 取什么值时，矩阵

$$A=\begin{pmatrix}1&1&1&1&0\\0&1&2&2&1\\0&-1&a-3&-2&b\\3&2&1&a&-1\end{pmatrix}$$

的秩为 2.

11. 设矩阵

$$A=\begin{pmatrix}1&-2&3t\\-1&2t&-3\\t&-2&3\end{pmatrix}$$

问 t 取什么值时，可使：（1）$R(A)=1$；（2）$R(A)=2$.

12. 选择正确的答案填空.

（1）下列命题中，错误的是（　　）.

（A）初等矩阵的逆也是初等矩阵　　（B）初等矩阵都是可逆的

（C）初等矩阵的转置也是初等矩阵　　（D）初等矩阵的和也是初等矩阵

（2）设 A,B,C 为 n 阶方阵，且 $ABC=E$，则（　　）.

（A）$BCA=E$　　（B）$BAC=E$

（C） $CBA = E$　　　　（D） $ACB = E$

（3）设 A 为 n 阶可逆矩阵，则（　　）.

（A） $\det A^* = \det A$　　　　（B） $\det A^* = \det A^n$

（C） $\det A^* = \det A^{n-1}$　　　　（D） $\det A^* = \det A^{-1}$

（4）设 A,B 为 n 阶方阵，且 $AB = O_n$，则必有（　　）.

（A）若 $A \neq O_n$，则 $B = O_n$　　　　（B）若 $R(A) = n$，则 $B = O_n$

（C）或 $A = O_n$，或 $B = O_n$　　　　（D） $\det A + \det B = 0$

（5）设 A,B,C 均为 n 阶方阵，$AB = BC = CA = E$，则 $A^2 + B^2 + C^2 =$（　　）.

（A） E　　　　（B） $2E$

（C） $3E$　　　　（D） O_n

本章知识精要

矩阵的概念与运算

1. 定义

矩阵是由 $m \times n$ 个数 a_{ij}（$i = 1,2,\cdots,m$；$j=1,2,\cdots,n$）排成的矩形数表，当 $m=n$ 时，称为 n 阶矩阵；当 $m=1$ 时，称为行矩阵；当 $n=1$ 时，称为列矩阵.

注意：矩阵与行列式是有本质区别的，行列式是一个算式，一个数字行列式通过计算可求得其值，而矩阵仅仅是一个数表，它的行数和列数可以不同.

2. 类型

矩阵按其结构和性质，可分为零矩阵、单位矩阵、数量矩阵、对角矩阵、三角矩阵、对称矩阵、阶梯形矩阵、转置矩阵、可逆矩阵、伴随矩阵等.

注意：只有方阵才有可逆矩阵，只有非奇异矩阵才存在逆矩阵.

3. 运算

矩阵的运算主要包括：矩阵加法、数乘矩阵、矩阵乘法、矩阵转置和矩阵的初等行变换.

注意：①矩阵乘法的条件是，左矩阵 A 的列数=右矩阵 B 的行数.

② 一般情况下矩阵乘法不满足交换律和消去律，即 $AB \neq BA$.当 $AB = AC$ 时，即使有 $A \neq O$，也不能得出 $B = C$ 的结论.只有当 A 是可逆矩阵（$\det A \neq 0$）时，由 $AB = AC$ 可推出 $B = C$.

③ 两个非零矩阵的乘积可能是零矩阵.

④ 矩阵经过初等行变换后，对应元素一般不相等，因此矩阵之间不能用等号连接，而是用“→”连接，表示两个矩阵之间存在某种关系.

4. 可逆矩阵的判别方法

① n 阶矩阵 $\boldsymbol{A}$ 可逆的充分必要条件为 $\det \boldsymbol{A} \neq 0$，或者 $R(\boldsymbol{A}) = n$.

② 设 $\boldsymbol{A}$ 和 $\boldsymbol{B}$ 都是 n 阶矩阵，如果 $\boldsymbol{AB} = \boldsymbol{I}$ 成立，则 $\boldsymbol{A}$ 和 $\boldsymbol{B}$ 都是可逆的.

5. 求逆矩阵的方法

① 伴随矩阵法：$\boldsymbol{A}^{-1} = \dfrac{1}{\det \boldsymbol{A}} \boldsymbol{A}^*$.

注意：伴随矩阵 $\boldsymbol{A}^*$ 中元素的排列顺序与一般矩阵中元素的排列顺序不同.

② 初等行变换法：$(\boldsymbol{A} \vdots \boldsymbol{I}) \xrightarrow{\text{初等行变换}} (\boldsymbol{I} \vdots \boldsymbol{A}^{-1})$.

注意：用初等行变换求逆矩阵时，不能用列变换.

6. 求矩阵秩的方法

用初等行变换将矩阵 $\boldsymbol{A}$ 化为阶梯形矩阵，则 $R(\boldsymbol{A})$ 等于阶梯形矩阵中非零行的行数.

注意：矩阵的初等行变换不改变矩阵的秩.

第 3 章 线性方程组

在第 1 章中我们研究了线性方程组的一种特殊情况，即线性方程组中所含方程的个数等于未知数的个数，并且线性方程组的系数行列式不等于零的情况，可用克莱姆法则得到其解.在工程技术及经济管理领域中，大量的问题都可归结为解线性方程组，因此研究更一般的线性方程组是必要的.本章主要研究一般线性方程组的解法及其解的结构等问题.

3.1 向量组的线性相关性

3.1.1 n 维向量空间

一个 $m\times n$ 矩阵的每行都是由 n 个数组成的有序数组，其每列都是由 m 个数组成的有序数组.在研究其他问题时，也经常会遇到有序数组，如平面上一点的坐标和空间中一点的坐标分别是二元有序数组 (x, y) 和三元有序数组 (x, y, z) .

定义 1 由 n 个实数组成的有序数组称为 **n 维向量**，一般用拉丁字母 $\boldsymbol{\alpha}, \boldsymbol{\beta}, \boldsymbol{\gamma}$ 表示，有时也用 $\boldsymbol{a}, \boldsymbol{b}, \boldsymbol{c}, \boldsymbol{o}, \boldsymbol{u}, \boldsymbol{v}, \boldsymbol{x}, \boldsymbol{y}$ 等英文字母表示.

$$\boldsymbol{\alpha}=(a_1, a_2, \cdots, a_n)$$

称为 **n 维行向量**，由于 n 维行向量是 $1\times n$ 矩阵，所以也称为**行矩阵**，其中 a_i 称为向量 $\boldsymbol{\alpha}$ 的**第 i 个分量**.

$$\boldsymbol{\beta}=\begin{pmatrix} b_1 \\ b_2 \\ \vdots \\ b_n \end{pmatrix}$$

称为 **n 维列向量**，由于 n 维列向量是 $n\times 1$ 矩阵，所以也称为**列矩阵**，其中 b_i 称为向量 $\boldsymbol{\beta}$ 的**第 i 个分量**. 要把列（行）向量写成行（列）向量，可用转置记号，如

$$\boldsymbol{\beta}=\begin{pmatrix} b_1 \\ b_2 \\ \vdots \\ b_n \end{pmatrix}$$

可写成 $\boldsymbol{\beta}=(b_1, b_2, \cdots, b_n)^{\mathrm{T}}$.

两个 n 维向量当且仅当它们各对应分量相等时才是相等的，即若

$$\boldsymbol{\alpha}=(a_1, a_2,\cdots, a_n)\text{，}\quad \boldsymbol{\beta}=(b_1, b_2,\cdots, b_n)^{\mathrm{T}}$$

当且仅当 $a_i=b_i$（$i=1,2,\cdots,n$）时，$\boldsymbol{\alpha}=\boldsymbol{\beta}$.

所有分量均为零的向量称为零向量，记为

$$\boldsymbol{O}=(0,0,\cdots,0)$$

由 n 维向量 $\boldsymbol{\alpha}=(a_1, a_2,\cdots, a_n)$ 各分量的相反数组成的 n 维向量，称为 $\boldsymbol{\alpha}$ 的负向量，记为 $-\boldsymbol{\alpha}$，即 $-\boldsymbol{\alpha}=(-a_1,-a_2,\cdots,-a_n)$.

由于 n 维行向量和 n 维列向量都是矩阵，所以其运算规律和矩阵一样，矩阵的加法、数乘、乘法等运算规律在这里均适用，不再一一列出.

3.1.2　线性相关性概念

定义 2　给定向量组 $\boldsymbol{A}:\boldsymbol{\alpha}_1,\boldsymbol{\alpha}_2,\cdots,\boldsymbol{\alpha}_s$，若存在不全为零的数 $k_1,k_2,\cdots,k_s$，使

$$k_1\boldsymbol{\alpha}_1+k_2\boldsymbol{\alpha}_2+\cdots+k_s\boldsymbol{\alpha}_s=\boldsymbol{O}$$

则称向量组 $\boldsymbol{A}$ 线性相关，否则称向量组 $\boldsymbol{A}$ 线性无关，即若当且仅当 $k_1=k_2=\cdots=k_s=0$ 时上式成立，则向量组 $\boldsymbol{A}$ 线性无关.

注：① 包含零向量的任何向量组都是线性相关的；

② 当向量组中只含一个向量 $\boldsymbol{\alpha}$ 时，$\boldsymbol{\alpha}$ 线性无关的充分必要条件是 $\boldsymbol{\alpha}\neq\boldsymbol{O}$；

③ 仅含两个向量的向量组线性相关的充分必要条件是这两个向量的对应分量成比例；

④ 两个向量线性相关的几何意义是这两个向量共线，三个向量线性相关的几何意义是这三个向量共面.

3.1.3　线性相关性的判定

定义 3　给定向量组 $\boldsymbol{A}:\boldsymbol{\alpha}_1,\boldsymbol{\alpha}_2,\cdots,\boldsymbol{\alpha}_s$ 和向量 $\boldsymbol{\beta}$，若存在一组数 $k_1,k_2,\cdots,k_s$，使

$$\boldsymbol{\beta}=k_1\boldsymbol{\alpha}_1+k_2\boldsymbol{\alpha}_2+\cdots+k_s\boldsymbol{\alpha}_s$$

则称向量 $\boldsymbol{\beta}$ 是向量组 $\boldsymbol{A}$ 的线性组合，又称向量 $\boldsymbol{\beta}$ 可由向量组 $\boldsymbol{A}$ 线性表示（或线性表出）.

定理 1　向量组 $\boldsymbol{\alpha}_1,\boldsymbol{\alpha}_2,\cdots,\boldsymbol{\alpha}_s$（$s\geqslant 2$）线性相关的充分必要条件是向量组中至少有一个向量可由其余向量线性表示.

证明　必要性：设 $\boldsymbol{\alpha}_1,\boldsymbol{\alpha}_2,\cdots,\boldsymbol{\alpha}_s$ 线性相关，则存在 s 个不全为零的数 $k_1,k_2,\cdots,k_s$，使 $k_1\boldsymbol{\alpha}_1+k_2\boldsymbol{\alpha}_2+\cdots+k_s\boldsymbol{\alpha}_s=\boldsymbol{O}$ 成立，不妨设 $k_1\neq 0$，则

$$\boldsymbol{\alpha}_1=\left(-\frac{k_2}{k_1}\right)\boldsymbol{\alpha}_2+\cdots+\left(-\frac{k_s}{k_1}\right)\boldsymbol{\alpha}_s$$

即 $\boldsymbol{\alpha}_1$ 可由其余向量线性表示.

充分性：设 $\boldsymbol{\alpha}_1,\boldsymbol{\alpha}_2,\cdots,\boldsymbol{\alpha}_s$ 中至少有一个向量可由其余向量线性表示，不妨设

$$\boldsymbol{\alpha}_1 = k_2\boldsymbol{\alpha}_2 + \cdots + k_s\boldsymbol{\alpha}_s$$

则 $(-1)\boldsymbol{\alpha}_1 + k_2\boldsymbol{\alpha}_2 + \cdots + k_s\boldsymbol{\alpha}_s = \boldsymbol{O}$，故 $\boldsymbol{\alpha}_1, \boldsymbol{\alpha}_2, \cdots, \boldsymbol{\alpha}_s$ 线性相关.

定理 2 设有列向量组 $\boldsymbol{\alpha}_j = \begin{pmatrix} a_{1j} \\ a_{2j} \\ \vdots \\ a_{nj} \end{pmatrix}$ $(j=1,2,\cdots,s)$，则向量组 $\boldsymbol{\alpha}_1, \boldsymbol{\alpha}_2, \cdots, \boldsymbol{\alpha}_s$ 线性相关的充分必要条件是矩阵 $\boldsymbol{A} = (\boldsymbol{\alpha}_1, \boldsymbol{\alpha}_2, \cdots, \boldsymbol{\alpha}_s)$ 的秩小于向量的个数 s.

推论 1 s 个 n 维列向量组 $\boldsymbol{\alpha}_1, \boldsymbol{\alpha}_2, \cdots, \boldsymbol{\alpha}_n$ 线性无关（线性相关）的充分必要条件是矩阵 $\boldsymbol{A} = (\boldsymbol{\alpha}_1, \boldsymbol{\alpha}_2, \cdots, \boldsymbol{\alpha}_s)$ 的秩等于（小于）向量的个数 s.

推论 2 n 个 n 维列向量组 $\boldsymbol{\alpha}_1, \boldsymbol{\alpha}_2, \cdots, \boldsymbol{\alpha}_s$ 线性无关（线性相关）的充分必要条件是矩阵 $\boldsymbol{A} = (\boldsymbol{\alpha}_1, \boldsymbol{\alpha}_2, \cdots, \boldsymbol{\alpha}_s)$ 的行列式不等于（等于）零.

注：上述结论对于矩阵的行向量组同样成立.

推论 3 当向量组中所含向量的个数大于向量的维数时，此向量组必线性相关.

例 3-1 讨论 n 维单位向量组

$$\boldsymbol{\varepsilon}_1 = (1,0,\cdots,0)^{\mathrm{T}},\ \boldsymbol{\varepsilon}_2 = (0,1,\cdots,0)^{\mathrm{T}},\ \cdots,\ \boldsymbol{\varepsilon}_n = (0,0,\cdots,1)^{\mathrm{T}}$$

的线性相关性.

解 由 n 维单位向量组构成的矩阵

$$\boldsymbol{E} = (\boldsymbol{\varepsilon}_1, \boldsymbol{\varepsilon}_2, \cdots, \boldsymbol{\varepsilon}_n) = \begin{pmatrix} 1 & 0 & \cdots & 0 \\ 0 & 1 & \cdots & 0 \\ \vdots & \vdots & & \vdots \\ 0 & 0 & \cdots & 1 \end{pmatrix}$$

是 n 阶单位矩阵，显然 $|\boldsymbol{E}| = 1 \neq 0$，由推论 2 知，此向量组线性无关.

例 3-2 已知 $\boldsymbol{\alpha}_1 = \begin{pmatrix} 1 \\ 1 \\ 1 \end{pmatrix}$，$\boldsymbol{\alpha}_2 = \begin{pmatrix} 0 \\ 2 \\ 5 \end{pmatrix}$，$\boldsymbol{\alpha}_3 = \begin{pmatrix} 2 \\ 4 \\ 7 \end{pmatrix}$，讨论向量组 $\boldsymbol{\alpha}_1, \boldsymbol{\alpha}_2, \boldsymbol{\alpha}_3$ 及向量组 $\boldsymbol{\alpha}_1, \boldsymbol{\alpha}_2$ 的线性相关性.

解 对矩阵 $\boldsymbol{A} = (\boldsymbol{\alpha}_1, \boldsymbol{\alpha}_2, \boldsymbol{\alpha}_3)$ 施行初等行变换，将其化为行阶梯形矩阵，即可同时看出矩阵 $\boldsymbol{A}$ 及 $\boldsymbol{B} = (\boldsymbol{\alpha}_1, \boldsymbol{\alpha}_2)$ 的秩，由定理 2 即可得出结论.

$$(\boldsymbol{\alpha}_1, \boldsymbol{\alpha}_2, \boldsymbol{\alpha}_3) = \begin{pmatrix} 1 & 0 & 2 \\ 1 & 2 & 4 \\ 1 & 5 & 7 \end{pmatrix} \xrightarrow[r_3 - r_1]{r_2 - r_1} \begin{pmatrix} 1 & 0 & 2 \\ 0 & 2 & 2 \\ 0 & 5 & 5 \end{pmatrix} \xrightarrow{r_3 - \frac{5}{2}r_2} \begin{pmatrix} 1 & 0 & 2 \\ 0 & 2 & 2 \\ 0 & 0 & 0 \end{pmatrix}$$

$\therefore R(\boldsymbol{A}) = 2$，$R(\boldsymbol{B}) = 2$.

$\therefore$ 向量组 $\boldsymbol{\alpha}_1, \boldsymbol{\alpha}_2, \boldsymbol{\alpha}_3$ 线性相关，向量组 $\boldsymbol{\alpha}_1, \boldsymbol{\alpha}_2$ 线性无关.

例 3-3 证明：若向量组 $\boldsymbol{\alpha}, \boldsymbol{\beta}, \boldsymbol{\gamma}$ 线性无关，则向量组 $\boldsymbol{\alpha}+\boldsymbol{\beta}, \boldsymbol{\beta}+\boldsymbol{\gamma}, \boldsymbol{\gamma}+\boldsymbol{\alpha}$ 亦线性无关.

证明 设有一组数 k_1, k_2, k_3，使

$$k_1(\boldsymbol{\alpha}+\boldsymbol{\beta})+k_2(\boldsymbol{\beta}+\boldsymbol{\gamma})+k_3(\boldsymbol{\gamma}+\boldsymbol{\alpha})=\boldsymbol{O}$$

成立，整理得

$$(k_1+k_3)\boldsymbol{\alpha}+(k_1+k_2)\boldsymbol{\beta}+(k_2+k_3)\boldsymbol{\gamma}=\boldsymbol{O}$$

因 $\boldsymbol{\alpha},\boldsymbol{\beta},\boldsymbol{\gamma}$ 线性无关，故

$$\begin{cases}k_1+k_3=0\\k_1+k_2=0\\k_2+k_3=0\end{cases}$$

解得 $k_1=k_2=k_3=0$，从而向量组 $\boldsymbol{\alpha}+\boldsymbol{\beta},\boldsymbol{\beta}+\boldsymbol{\gamma},\boldsymbol{\gamma}+\boldsymbol{\alpha}$ 线性无关.

定理 3　若向量组中有一部分向量（向量组）线性相关，则整个向量组线性相关.

简记为“部分相关，则整体相关”.

推论 4　线性无关的向量组中的任一部分向量组线性无关.

简记为“整体无关，则部分无关”.

例如，含有零向量的向量组线性相关.因零向量线性相关，由定理知，该向量组也线性相关.

定理 4　若向量组 $\boldsymbol{\alpha}_1,\boldsymbol{\alpha}_2,\cdots,\boldsymbol{\alpha}_s,\boldsymbol{\beta}$ 线性相关，而向量组 $\boldsymbol{\alpha}_1,\boldsymbol{\alpha}_2,\cdots,\boldsymbol{\alpha}_s$ 线性无关，则向量 $\boldsymbol{\beta}$ 可由 $\boldsymbol{\alpha}_1,\boldsymbol{\alpha}_2,\cdots,\boldsymbol{\alpha}_s$ 唯一线性表示.

例如，任一向量 $\boldsymbol{\alpha}=(a_1,a_2,\cdots,a_n)^{\mathrm{T}}$ 可由单位向量 $\boldsymbol{\varepsilon}_1,\boldsymbol{\varepsilon}_2,\cdots,\boldsymbol{\varepsilon}_n$ 唯一线性表示，即

$$\boldsymbol{\alpha}=\boldsymbol{a}_1\varepsilon_1+\boldsymbol{a}_2\varepsilon_2+\cdots+\boldsymbol{a}_n\varepsilon_n$$

定理 5　设有两个向量组 $\boldsymbol{A}:\boldsymbol{\alpha}_1,\boldsymbol{\alpha}_2,\cdots,\boldsymbol{\alpha}_s$，$\boldsymbol{B}:\boldsymbol{\beta}_1,\boldsymbol{\beta}_2,\cdots,\boldsymbol{\beta}_t$，向量组 $\boldsymbol{B}$ 能由向量组 $\boldsymbol{A}$ 线性表示，若 $s<t$，则向量组 $\boldsymbol{B}$ 线性相关.

推论 5　设向量组 $\boldsymbol{B}$ 能由向量组 $\boldsymbol{A}$ 线性表示，若向量组 $\boldsymbol{B}$ 线性无关，则 $s\geqslant t$.

推论 6　设向量组 $\boldsymbol{B}$ 与向量组 $\boldsymbol{A}$ 可以相互线性表示，若 $\boldsymbol{A}$ 与 $\boldsymbol{B}$ 都是线性无关的，则 $s=t$.

例 3-4　设向量组 $\boldsymbol{\alpha}_1,\boldsymbol{\alpha}_2,\boldsymbol{\alpha}_3$ 线性相关，向量组 $\boldsymbol{\alpha}_2,\boldsymbol{\alpha}_3,\boldsymbol{\alpha}_4$ 线性无关，证明：

（1）$\boldsymbol{\alpha}_1$ 能由 $\boldsymbol{\alpha}_2,\boldsymbol{\alpha}_3$ 线性表示；

（2）$\boldsymbol{\alpha}_4$ 不能由 $\boldsymbol{\alpha}_1,\boldsymbol{\alpha}_2,\boldsymbol{\alpha}_3$ 线性表示.

证明　（1）因 $\boldsymbol{\alpha}_2,\boldsymbol{\alpha}_3,\boldsymbol{\alpha}_4$ 线性无关，由推论 4 知 $\boldsymbol{\alpha}_2,\boldsymbol{\alpha}_3$ 线性无关，而 $\boldsymbol{\alpha}_1,\boldsymbol{\alpha}_2,\boldsymbol{\alpha}_3$ 线性相关，由定理 4 知 $\boldsymbol{\alpha}_1$ 能由 $\boldsymbol{\alpha}_2,\boldsymbol{\alpha}_3$ 线性表示.

（2）用反证法.假设 $\boldsymbol{\alpha}_4$ 能由 $\boldsymbol{\alpha}_1,\boldsymbol{\alpha}_2,\boldsymbol{\alpha}_3$ 线性表示，而由（1）知 $\boldsymbol{\alpha}_1$ 能由 $\boldsymbol{\alpha}_2,\boldsymbol{\alpha}_3$ 线性表示，因此 $\boldsymbol{\alpha}_4$ 能由 $\boldsymbol{\alpha}_2,\boldsymbol{\alpha}_3$ 线性表示，这与 $\boldsymbol{\alpha}_2,\boldsymbol{\alpha}_3,\boldsymbol{\alpha}_4$ 线性无关矛盾.

习题 3.1

1. 已知向量 $\boldsymbol{\alpha}=(2,-1,1)$，$\boldsymbol{\beta}=(3,0,-1)$，$\boldsymbol{\gamma}=(0,-2,2)$，求 $2\boldsymbol{\alpha}+\boldsymbol{\beta}-4\boldsymbol{\gamma}$.

2. 设有向量组 $\boldsymbol{\alpha}_1=(a,b,1)$，$\boldsymbol{\alpha}_2=(1,a,c)$，$\boldsymbol{\alpha}_3=(c,1,b)$，试确定 a，b，c 的值，使得

$\boldsymbol{\alpha}_1+2\boldsymbol{\alpha}_2-3\boldsymbol{\alpha}_3=\boldsymbol{O}$.

3. 试将下列线性方程组写成向量的形式.

（1）$\begin{cases}x+y-z=3\\x-2y+z=0\\-x+3y-z=-1\end{cases}$；（2）$\begin{cases}2x+y-3z=-1\\3x-y+2z=1\\x+3y-z=-3\end{cases}$.

4. 判定向量组 $\boldsymbol{\alpha}_1=(2,3,1,0)$，$\boldsymbol{\alpha}_2=(1,2,-1,0)$，$\boldsymbol{\alpha}_3=(4,7,-1,0)$ 是否线性相关.

3.2 向量组的秩与矩阵

3.2.1 极大线性无关向量组

定义 1 设有向量组 $\boldsymbol{A}:\boldsymbol{\alpha}_1,\boldsymbol{\alpha}_2,\cdots,\boldsymbol{\alpha}_s$，若在向量组 $\boldsymbol{A}$ 中能选出 r 个向量 $\boldsymbol{\alpha}_1,\boldsymbol{\alpha}_2,\cdots,\boldsymbol{\alpha}_r$，满足

（1）向量组 $\boldsymbol{A}_0:\boldsymbol{\alpha}_1,\boldsymbol{\alpha}_2,\cdots,\boldsymbol{\alpha}_r$ 线性无关；

（2）向量组 $\boldsymbol{A}$ 中任意 $r+1$ 个向量（若有的话）都线性相关.

则称向量组 $\boldsymbol{A}_0$ 是向量组 $\boldsymbol{A}$ 的一个极大线性无关向量组（简称极大无关组）.

注：（1）只含零向量的向量组没有极大无关组.

（2）向量组的极大无关组可能不止一个，但其向量的个数是相同的.

定理 1 如果 $\boldsymbol{\alpha}_{j_1},\boldsymbol{\alpha}_{j_2},\cdots,\boldsymbol{\alpha}_{j_r}$ 是 $\boldsymbol{\alpha}_1,\boldsymbol{\alpha}_2,\cdots,\boldsymbol{\alpha}_s$ 的线性无关部分组，则它是极大无关组的充分必要条件是 $\boldsymbol{\alpha}_1,\boldsymbol{\alpha}_2,\cdots,\boldsymbol{\alpha}_s$ 的每个向量均可由 $\boldsymbol{\alpha}_{j_1},\boldsymbol{\alpha}_{j_2},\cdots,\boldsymbol{\alpha}_{j_r}$ 线性表示.

证明 必要性：若 $\boldsymbol{\alpha}_{j_1},\boldsymbol{\alpha}_{j_2},\cdots,\boldsymbol{\alpha}_{j_r}$ 是 $\boldsymbol{\alpha}_1,\boldsymbol{\alpha}_2,\cdots,\boldsymbol{\alpha}_s$ 的一个极大无关组，则当 j 是 $j_1,j_2,\cdots,j_r$ 中的数时，$\boldsymbol{\alpha}_j$ 可由 $\boldsymbol{\alpha}_{j_1},\boldsymbol{\alpha}_{j_2},\cdots,\boldsymbol{\alpha}_{j_r}$ 线性表示；当 j 不是 $j_1,j_2,\cdots,j_r$ 中的数时，$\boldsymbol{\alpha}_j,\boldsymbol{\alpha}_{j_1},\boldsymbol{\alpha}_{j_2},\cdots,\boldsymbol{\alpha}_{j_r}$ 线性相关，又因 $\boldsymbol{\alpha}_{j_1},\boldsymbol{\alpha}_{j_2},\cdots,\boldsymbol{\alpha}_{j_r}$ 线性无关，由上节定理 4 知，$\boldsymbol{\alpha}_j$ 可由 $\boldsymbol{\alpha}_{j_1},\boldsymbol{\alpha}_{j_2},\cdots,\boldsymbol{\alpha}_{j_r}$ 线性表示.

充分性：若 $\boldsymbol{\alpha}_1,\boldsymbol{\alpha}_2,\cdots,\boldsymbol{\alpha}_s$ 可由 $\boldsymbol{\alpha}_{j_1},\boldsymbol{\alpha}_{j_2},\cdots,\boldsymbol{\alpha}_{j_r}$ 线性表示，则 $\boldsymbol{\alpha}_1,\boldsymbol{\alpha}_2,\cdots,\boldsymbol{\alpha}_s$ 中任意 $r+1(s>r)$ 个向量的部分组都线性相关，于是 $\boldsymbol{\alpha}_{j_1},\boldsymbol{\alpha}_{j_2},\cdots,\boldsymbol{\alpha}_{j_r}$ 是极大无关组.

3.2.2 向量组的秩

定义 2 向量组 $\boldsymbol{\alpha}_1,\boldsymbol{\alpha}_2,\cdots,\boldsymbol{\alpha}_s$ 的极大无关组所含向量的个数称为该向量组的秩，记为

$$R(\boldsymbol{\alpha}_1,\boldsymbol{\alpha}_2,\cdots,\boldsymbol{\alpha}_s)$$

规定：由零向量组成的向量组的秩为 0.

例如，有二维向量组

$$\boldsymbol{\alpha}_1=(0,1)^{\mathrm{T}},\ \boldsymbol{\alpha}_2=(1,0)^{\mathrm{T}},\ \boldsymbol{\alpha}_3=(1,1)^{\mathrm{T}},\ \boldsymbol{\alpha}_4=(0,2)^{\mathrm{T}}$$

显然，$\boldsymbol{\alpha}_1=(0,1)^{\mathrm{T}}$，$\boldsymbol{\alpha}_2=(1,0)^{\mathrm{T}}$ 是一个极大无关组，故 $R(\boldsymbol{\alpha}_1,\boldsymbol{\alpha}_2,\boldsymbol{\alpha}_3,\boldsymbol{\alpha}_4)=2$.

3.2.3　矩阵与向量组秩的关系

定理 2　设 $\boldsymbol{A}$ 为 $m\times n$ 矩阵，则矩阵 $\boldsymbol{A}$ 的秩等于它的列向量组的秩，也等于它的行向量组的秩.

推论　矩阵 $\boldsymbol{A}$ 的行向量组的秩等于列向量组的秩.

注意：可以证明，若对矩阵 $\boldsymbol{A}$ 仅施行初等行变换得到矩阵 $\boldsymbol{B}$，则 $\boldsymbol{B}$ 的列向量组与 $\boldsymbol{A}$ 的列向量组有相同的线性关系，即行的初等变换保持了列向量间的线性无关性和线性表出性. 它提供了求极大无关组的方法，即以向量组中各向量为列向量组成矩阵后，只做初等行变换将该矩阵化为行阶梯形矩阵，则可直接写出所求向量组的极大无关组.

同理，也可将向量组中各向量作为行向量组成矩阵，做初等列变换来求其极大无关组.

例 3-5　设矩阵 $\boldsymbol{A}=\begin{pmatrix}2&-1&-1&1&2\\1&1&-2&1&4\\4&-6&2&-2&4\\3&6&7&7&9\end{pmatrix}$，求矩阵 $\boldsymbol{A}$ 的列向量组的一个极大无关组，并把不属于极大无关组的列向量用极大无关组线性表示.

解　设 $\boldsymbol{A}=(\boldsymbol{\alpha}_1,\boldsymbol{\alpha}_2,\boldsymbol{\alpha}_3,\boldsymbol{\alpha}_4,\boldsymbol{\alpha}_5)$，$\boldsymbol{\alpha}_1,\boldsymbol{\alpha}_2,\boldsymbol{\alpha}_3,\boldsymbol{\alpha}_4,\boldsymbol{\alpha}_5$ 分别是矩阵 $\boldsymbol{A}$ 的 5 个列向量，则对矩阵 $\boldsymbol{A}$ 施行初等行变换化为阶梯形矩阵：

$$\boldsymbol{A}\to\begin{pmatrix}1&1&-2&1&4\\0&1&-1&1&0\\0&0&0&1&-3\\0&0&0&0&0\end{pmatrix}\to\begin{pmatrix}1&0&-1&0&4\\0&1&-1&0&3\\0&0&0&1&-3\\0&0&0&0&0\end{pmatrix}$$

知 $R(\boldsymbol{A})=3$，故列向量组的极大无关组含 3 个向量. 而三个非零行的首非零元素在 1、2、4 列，故 $\boldsymbol{\alpha}_1,\boldsymbol{\alpha}_2,\boldsymbol{\alpha}_4$ 是列向量组的一个极大无关组，且由 $\boldsymbol{A}$ 的最简形可知

$$\boldsymbol{\alpha}_3=-\boldsymbol{\alpha}_1-\boldsymbol{\alpha}_2$$
$$\boldsymbol{\alpha}_5=4\boldsymbol{\alpha}_1+3\boldsymbol{\alpha}_2-3\boldsymbol{\alpha}_4$$

习题 3.2

1. 判断下列向量组是否线性相关，并求出一个极大无关组.

（1）$\boldsymbol{\alpha}_1=(1,1,0)$，$\boldsymbol{\alpha}_2=(0,2,0)$，$\boldsymbol{\alpha}_3=(0,0,3)$；

（2）$\boldsymbol{\alpha}_1=(1,1,1)$，$\boldsymbol{\alpha}_2=(0,2,5)$，$\boldsymbol{\alpha}_3=(2,4,7)$；

（3）$\boldsymbol{\alpha}_1=(1,2,1,3)$，$\boldsymbol{\alpha}_2=(4,-1,-5,-6)$，$\boldsymbol{\alpha}_3=(1,-3,-4,-7)$，$\boldsymbol{\alpha}_4=(2,1,-1,0)$.

2. 求向量组的秩：$\boldsymbol{\alpha}_1=(1,0,-1)$，$\boldsymbol{\alpha}_2=(-1,0,1)$，$\boldsymbol{\alpha}_3=(0,1,-1)$，$\boldsymbol{\alpha}_4=(1,2,-1)$.

3.3 线性方程组的解

3.3.1 消元法解线性方程组

设有线性方程组

$$\begin{cases} a_{11}x_1 + a_{12}x_2 + \cdots + a_{1n}x_n = b_1 \\ a_{21}x_1 + a_{22}x_2 + \cdots + a_{2n}x_n = b_2 \\ \cdots\cdots\cdots\cdots \\ a_{m1}x_1 + a_{m2}x_2 + \cdots + a_{mn}x_n = b_m \end{cases} \tag{3-1}$$

其矩阵形式为

$$\boldsymbol{Ax} = \boldsymbol{b} \tag{3-2}$$

式中，

$$\boldsymbol{A} = \begin{pmatrix} a_{11} & a_{12} & \cdots & a_{1n} \\ a_{21} & a_{22} & \cdots & a_{2n} \\ \vdots & \vdots & & \vdots \\ a_{m1} & a_{m2} & \cdots & a_{mn} \end{pmatrix}, \quad \boldsymbol{x} = \begin{pmatrix} x_1 \\ x_2 \\ \vdots \\ x_n \end{pmatrix}, \quad \boldsymbol{b} = \begin{pmatrix} b_1 \\ b_2 \\ \vdots \\ b_m \end{pmatrix}$$

称矩阵 $(\boldsymbol{A} \quad \boldsymbol{b})$（有时记为 $\tilde{\boldsymbol{A}}$）为线性方程组（3-1）的增广矩阵.

当 $b_i = 0\,(i = 1,2,\cdots,m)$ 时，线性方程组（3-1）称为齐次线性方程组，否则称为非齐次线性方程组. 显然，齐次线性方程组的矩阵形式为

$$\boldsymbol{Ax} = \boldsymbol{O} \tag{3-3}$$

定理 1 设 $\boldsymbol{A} = (a_{ij})_{m\times n}$，$n$ 元齐次线性方程组 $\boldsymbol{Ax} = \boldsymbol{O}$ 有非零解的充分必要条件是系数矩阵 $\boldsymbol{A}$ 的秩 $R(\boldsymbol{A}) < n$.

定理 2 设 $\boldsymbol{A} = (a_{ij})_{m\times n}$，$n$ 元非齐次线性方程组 $\boldsymbol{Ax} = \boldsymbol{b}$ 有解的充分必要条件是系数矩阵 $\boldsymbol{A}$ 的秩等于增广矩阵 $\tilde{\boldsymbol{A}} = (\boldsymbol{A} \quad \boldsymbol{b})$ 的秩，即 $R(\boldsymbol{A}) = R(\tilde{\boldsymbol{A}})$.

注意：由以上定理可对齐次和非齐次线性方程组解的情况做如下总结.

设 $\boldsymbol{A} = (a_{ij})_{m\times n}$，则

① $\boldsymbol{Ax} = \boldsymbol{O}\begin{cases} \text{只有零解} \Leftrightarrow R(\boldsymbol{A}) = n \\ \text{有非零解} \Leftrightarrow R(\boldsymbol{A}) < n \end{cases}$.

② $\boldsymbol{Ax} = \boldsymbol{b}\begin{cases} \text{有唯一解} \Leftrightarrow R(\boldsymbol{A}) = R(\tilde{\boldsymbol{A}}) = n \\ \text{有无穷多解} \Leftrightarrow R(\boldsymbol{A}) = R(\tilde{\boldsymbol{A}}) < n \\ \text{无解} \Leftrightarrow R(\boldsymbol{A}) \neq R(\tilde{\boldsymbol{A}})\,(\text{或}R(\boldsymbol{A}) < R(\tilde{\boldsymbol{A}})) \end{cases}$.

由以上定理，我们对一般线性方程组解的情况可做出判断，并且可用消元法来解线性方程组，具体方法如下.

对非齐次线性方程组，将增广矩阵 $\tilde{\boldsymbol{A}}$ 化为行阶梯形矩阵，便可判断其是否有解，若有

解，则继续化为行最简形矩阵，便可写出其全部解. 其中要注意，当 $R(A)=R(\tilde{A})=s<n$ 时，$\tilde{A}$ 的行阶梯形矩阵中含有 s 个非零行，把这 s 行的第一个非零元素所对应的未知量作为非自由量，其余 $n-s$ 个未知量作为自由未知量.

对齐次线性方程组，将其系数矩阵化为行最简形矩阵，便可写出其全部解.

例 3-6　解齐次线性方程组 $\begin{cases} x_1+2x_2+2x_3+x_4=0 \\ 2x_1+x_2-2x_3-2x_4=0 \\ x_1-x_2-4x_3-3x_4=0 \end{cases}$.

解　对系数矩阵 $\boldsymbol{A}$ 施行初等行变换：

$$\boldsymbol{A}=\begin{pmatrix} 1 & 2 & 2 & 1 \\ 2 & 1 & -2 & -2 \\ 1 & -1 & -4 & -3 \end{pmatrix} \xrightarrow[r_3-r_1]{r_2-2r_1} \begin{pmatrix} 1 & 2 & 2 & 1 \\ 0 & -3 & -6 & -4 \\ 0 & -3 & -6 & -4 \end{pmatrix}$$

$$\xrightarrow[r_2\div(-3)]{r_3-r_2} \begin{pmatrix} 1 & 2 & 2 & 1 \\ 0 & 1 & 2 & 4/3 \\ 0 & 0 & 0 & 0 \end{pmatrix} \xrightarrow{r_1-2r_2} \begin{pmatrix} 1 & 0 & -2 & -5/3 \\ 0 & 1 & 2 & 4/3 \\ 0 & 0 & 0 & 0 \end{pmatrix}$$

即得与原方程组同解的方程组

$$\begin{cases} x_1-2x_3-(5/3)x_4=0 \\ x_2+2x_3+(4/3)x_4=0 \end{cases}$$

即

$$\begin{cases} x_1=2x_3+(5/3)x_4 \\ x_2=-2x_3-(4/3)x_4 \end{cases} \text{（}x_3,x_4\text{可取任意值）}$$

令 $x_3=c_1$， $x_4=c_2$，将其写成向量形式为

$$\begin{pmatrix} x_1 \\ x_2 \\ x_3 \\ x_4 \end{pmatrix}=c_1\begin{pmatrix} 2 \\ -2 \\ 1 \\ 0 \end{pmatrix}+c_2\begin{pmatrix} 5/3 \\ -4/3 \\ 0 \\ 1 \end{pmatrix} \text{（}c_1,c_2\text{为任意实数）}$$

它表达了方程组的全部解.

例 3-7　解线性方程组 $\begin{cases} x_1+5x_2-x_3-x_4=-1 \\ x_1-2x_2+x_3+3x_4=3 \\ 3x_1+8x_2-x_3+x_4=1 \\ x_1-9x_2+3x_3+7x_4=7 \end{cases}$.

解　对增广矩阵 $(\boldsymbol{A}\ \ \boldsymbol{b})$ 施行初等行变换：

$$(\boldsymbol{A}\ \ \boldsymbol{b})=\begin{pmatrix} 1 & 5 & -1 & -1 & -1 \\ 1 & -2 & 1 & 3 & 3 \\ 3 & 8 & -1 & 1 & 1 \\ 1 & -9 & 3 & 7 & 7 \end{pmatrix} \to \begin{pmatrix} 1 & 5 & -1 & -1 & -1 \\ 0 & -7 & 2 & 4 & 4 \\ 0 & -7 & 2 & 4 & 4 \\ 0 & -14 & 4 & 8 & 8 \end{pmatrix}$$

$$\to\begin{pmatrix}1&5&-1&-1&-1\\0&-7&2&4&4\\0&0&0&0&0\\0&0&0&0&0\end{pmatrix}\to\begin{pmatrix}1&5&-1&-1&-1\\0&1&-2/7&-4/7&-4/7\\0&0&0&0&0\\0&0&0&0&0\end{pmatrix}$$

因为$R(A\quad b)=R(A)=2<4$，故方程组有无穷多解. 利用上面最后一个矩阵进行回代得

$$(A\quad b)\to\begin{pmatrix}1&0&3/7&13/7&13/7\\0&1&-2/7&-4/7&-4/7\\0&0&0&0&0\\0&0&0&0&0\end{pmatrix}$$

该矩阵对应的方程组为

$$\begin{cases}x_1=\dfrac{13}{7}-\dfrac{3}{7}x_3-\dfrac{13}{7}x_4\\x_2=-\dfrac{4}{7}+\dfrac{2}{7}x_3+\dfrac{4}{7}x_4\end{cases}$$

取$x_3=c_1$，$x_4=c_2$（其中c_1,c_2为任意常数），则方程组的全部解为

$$\begin{cases}x_1=\dfrac{13}{7}-\dfrac{3}{7}c_1-\dfrac{13}{7}c_2\\x_2=-\dfrac{4}{7}+\dfrac{2}{7}c_1+\dfrac{4}{7}c_2\\x_3=c_1\\x_4=c_2\end{cases}$$

例 3-8 解线性方程组$\begin{cases}x_1+x_2+2x_3+3x_4=-1\\x_2+x_3-4x_4=1\\x_1+2x_2+3x_3-x_4=4\\2x_1+3x_2-x_3-x_4=-6\end{cases}$.

解 $(A\quad b)=\begin{pmatrix}1&1&2&3&1\\0&1&1&-4&1\\1&2&3&-1&4\\2&3&-1&-1&-6\end{pmatrix}\to\begin{pmatrix}1&1&2&3&1\\0&1&1&-4&1\\0&1&1&-4&3\\0&1&-5&-7&-8\end{pmatrix}$

$$\to\begin{pmatrix}1&1&2&3&1\\0&1&1&-4&1\\0&0&0&0&2\\0&0&-6&-3&-9\end{pmatrix}\to\begin{pmatrix}1&1&2&3&1\\0&1&1&-4&1\\0&0&6&3&9\\0&0&0&0&2\end{pmatrix}$$

因为$R(A)=3$，$R(A\quad b)=4$，$R(A\quad b)\neq R(A)$，故方程组无解.

例 3-9 证明方程组$\begin{cases}x_1-x_2=a_1\\x_2-x_3=a_2\\x_3-x_4=a_3\\x_4-x_1=a_4\end{cases}$有解的充分必要条件是$a_1+a_2+a_3+a_4=0$.在有解的

情况下，写出其全部解.

证明　$$(A\quad b)=\begin{pmatrix}1&-1&0&0&a_1\\0&1&-1&0&a_2\\0&0&1&-1&a_3\\-1&0&0&1&a_4\end{pmatrix}\to\begin{pmatrix}1&-1&0&0&a_1\\0&1&-1&0&a_2\\0&0&1&-1&a_3\\0&0&0&0&\sum_{i=1}^{4}a_i\end{pmatrix}$$

因为 $R(A\quad b)=R(A)$ 当且仅当 $\sum_{i=1}^{4}a_i=0$ 时成立，故方程组有解的充分必要条件是 $\sum_{i=1}^{4}a_i=0$，在有解的情况下，取 $x_4=c$（c 为任意实数），则方程组的全部解为

$$\begin{cases}x_1=a_1+a_2+a_3+c\\x_2=a_2+a_3+c\\x_3=a_3+c\\x_4=c\end{cases}$$

3.3.2　线性方程组解的结构

1. 齐次线性方程组解的结构

定义　若齐次线性方程组 $\boldsymbol{Ax}=\boldsymbol{O}$ 的有限个解 $\boldsymbol{\eta}_1,\boldsymbol{\eta}_2,\cdots,\boldsymbol{\eta}_t$ 满足

（1）$\boldsymbol{\eta}_1,\boldsymbol{\eta}_2,\cdots,\boldsymbol{\eta}_t$ 线性无关；

（2）$\boldsymbol{Ax}=\boldsymbol{O}$ 的任意一个解均可由 $\boldsymbol{\eta}_1,\boldsymbol{\eta}_2,\cdots,\boldsymbol{\eta}_t$ 线性表示.

则称 $\boldsymbol{\eta}_1,\boldsymbol{\eta}_2,\cdots,\boldsymbol{\eta}_t$ 是齐次线性方程组 $\boldsymbol{Ax}=\boldsymbol{O}$ 的一个基础解系.

定理 3　对 n 元齐次线性方程组 $\boldsymbol{Ax}=\boldsymbol{O}$，若 $R(\boldsymbol{A})=r<n$，则该方程组的基础解系一定存在，且每个基础解系中所含解向量的个数均等于 $n-r$.

若已知 $\boldsymbol{\eta}_1,\boldsymbol{\eta}_2,\cdots,\boldsymbol{\eta}_{n-r}$ 是线性方程组 $\boldsymbol{Ax}=\boldsymbol{O}$ 的一个基础解系，则 $\boldsymbol{Ax}=\boldsymbol{O}$ 的全部解可表示为

$$c_1\boldsymbol{\eta}_1+c_2\boldsymbol{\eta}_2+\cdots+c_{n-r}\boldsymbol{\eta}_{n-r}\quad（c_1,c_2,\cdots,c_{n-r}\text{ 为任意实数}）$$

此表达式称为线性方程组 $\boldsymbol{Ax}=\boldsymbol{O}$ 的通解.

例如，例 3-6 中，将其系数矩阵 $\boldsymbol{A}$ 化为行最简形矩阵 $\begin{pmatrix}1&0&-2&-5/3\\0&1&2&4/3\\0&0&0&0\end{pmatrix}$，则取 x_3,x_4 为自由未知量，令 $\begin{pmatrix}x_3\\x_4\end{pmatrix}=\begin{pmatrix}1\\0\end{pmatrix}$ 及 $\begin{pmatrix}x_3\\x_4\end{pmatrix}=\begin{pmatrix}0\\1\end{pmatrix}$，对应有 $\begin{pmatrix}x_1\\x_2\end{pmatrix}=\begin{pmatrix}2\\-2\end{pmatrix}$ 及 $\begin{pmatrix}x_1\\x_2\end{pmatrix}=\begin{pmatrix}5/3\\-4/3\end{pmatrix}$，即得基础解系为

$$\boldsymbol{\eta}_1=\begin{pmatrix}2\\-2\\1\\0\end{pmatrix},\quad \boldsymbol{\eta}_2=\begin{pmatrix}5/3\\-4/3\\0\\1\end{pmatrix}$$

则通解为

$$\begin{pmatrix}x_1\\x_2\\x_3\\x_4\end{pmatrix}=c_1\begin{pmatrix}2\\-2\\1\\0\end{pmatrix}+c_2\begin{pmatrix}5/3\\-4/3\\0\\1\end{pmatrix}\quad (c_1,c_2\text{为任意实数})$$

2. 非齐次线性方程组解的结构

定理 4 设$\boldsymbol{\eta}^*$是n元非齐次线性方程组$\boldsymbol{Ax}=\boldsymbol{b}$的一个解，$\boldsymbol{\xi}$是对应齐次线性方程组$\boldsymbol{Ax}=\boldsymbol{O}$的通解，则$\boldsymbol{x}=\boldsymbol{\xi}+\boldsymbol{\eta}^*$是非齐次线性方程组$\boldsymbol{Ax}=\boldsymbol{b}$的通解.

例如，例 3-7 中，化简等价方程组为$\begin{cases}x_1=\dfrac{13}{7}-\dfrac{3}{7}x_3-\dfrac{13}{7}x_4\\ x_2=-\dfrac{4}{7}+\dfrac{2}{7}x_3+\dfrac{4}{7}x_4\end{cases}$.

令$\begin{pmatrix}x_3\\x_4\end{pmatrix}=\begin{pmatrix}1\\0\end{pmatrix}$及$\begin{pmatrix}x_3\\x_4\end{pmatrix}=\begin{pmatrix}0\\1\end{pmatrix}$，将其代入其对应的齐次方程组，得基础解系为

$$\boldsymbol{\xi}_1=\begin{pmatrix}-\dfrac{3}{7}\\ \dfrac{2}{7}\\1\\0\end{pmatrix},\quad \boldsymbol{\xi}_2=\begin{pmatrix}-\dfrac{13}{7}\\ \dfrac{4}{7}\\0\\1\end{pmatrix}$$

令$x_3=x_4=0$，得特解$x_1=\dfrac{13}{7}$，$x_2=-\dfrac{4}{7}$，故方程组的通解为

$$x=c_1\begin{pmatrix}-\dfrac{3}{7}\\ \dfrac{2}{7}\\1\\0\end{pmatrix}+c_2\begin{pmatrix}-\dfrac{13}{7}\\ \dfrac{4}{7}\\0\\1\end{pmatrix}+\begin{pmatrix}\dfrac{13}{7}\\ -\dfrac{4}{7}\\0\\0\end{pmatrix}$$

习题 3.3

1. 求下列齐次线性方程组的一个基础解系及全部解.

(1) $\begin{cases} x_1 + x_2 + 2x_3 - x_4 = 0 \\ 2x_1 + x_2 + x_3 - x_4 = 0 \\ 2x_1 + 2x_2 + x_3 + 2x_4 = 0 \end{cases}$；(2) $\begin{cases} x_1 + 2x_2 + 3x_3 + 3x_4 + 7x_5 = 0 \\ 3x_1 + 2x_2 + x_3 + x_4 - 3x_5 = 0 \\ x_2 + 2x_3 + 2x_4 + 6x_5 = 0 \\ 5x_1 + 4x_2 + 3x_3 + 3x_4 - x_5 = 0 \end{cases}$.

2. 求解下列非齐次线性方程组.

(1) $\begin{cases} x_1 - 2x_2 + 3x_3 - 4x_4 = 4 \\ x_2 - x_3 + x_4 = -3 \\ x_1 + 3x_2 \quad - 3x_4 = 1 \\ -7x_2 + 3x_3 + x_4 = -3 \end{cases}$；(2) $\begin{cases} x_1 - 4x_2 - 3x_3 = 1 \\ x_1 - 5x_2 - 3x_3 = 0 \\ -x_1 + 6x_2 + 4x_3 = 0 \end{cases}$.

3.4 应用

随着社会日益复杂，对经济行为的分析变得更加重要. 20 世纪 30 年代，瓦西里·里昂惕夫（Wassily Leontief）首先提出了经济行为的数学分析方法，利用线性代数的理论和方法建立数学模型，来分析和预测一些经济行为. 本节简要介绍线性方程组在经济领域中的一些应用.

例 3-10 设想一个简单的社会，它仅包括下列三个人：农夫、木匠和裁缝. 农夫生产所有的食物但不做其他事情，木匠建造所有的房屋但不做其他事情，裁缝做所有的衣服但不做其他事情，方便起见，我们设每个人在一年中生产一单位的商品，每个人在一年中消费的商品如表 3-1 所示.

表 3-1 农夫、木匠和裁缝在一年中消费的商品

分类		被生产的商品		
		农夫	木匠	裁缝
被消费的商品	农夫	7/16	1/2	3/16
	木匠	5/16	1/6	5/16
	裁缝	1/4	1/3	1/2

由表 3-1 可知，农夫消费他自己生产的 7/16 的商品，木匠消费农夫生产的 5/16 的商品，且木匠消费裁缝生产的 5/16 商品，以此类推. 令 p_1 是每单位食物的价格，p_2 是每单位房屋的价格，p_3 是每单位衣服的价格. 假设每个人对每种商品支付的价格相同，因此，虽然农夫自己生产食物，但是他同木匠和裁缝支付食物的价格相同. 定义均衡状态为没有人赚钱也没有人亏钱的状态.

现在求价格 p_1, p_2, p_3，使得达到均衡状态.

农夫的支出为

$$\frac{7}{16}p_1+\frac{1}{2}p_2+\frac{3}{16}p_3$$

因为他生产一单位的食物，故其收入为 p_1，因为收入等于支出，故可得下面等式：

$$\frac{7}{16}p_1+\frac{1}{2}p_2+\frac{3}{16}p_3=p_1$$

同理，对于木匠和裁缝，我们可得下面两个等式：

$$\frac{5}{16}p_1+\frac{1}{6}p_2+\frac{5}{16}p_3=p_2$$

$$\frac{1}{4}p_1+\frac{1}{3}p_2+\frac{1}{2}p_3=p_3$$

则以上三个方程可写为

$$\boldsymbol{AP}=\boldsymbol{P} \tag{3-4}$$

式中，

$$\boldsymbol{A}=\begin{pmatrix}7/16 & 1/2 & 3/16\\ 5/16 & 1/6 & 5/16\\ 1/4 & 1/3 & 1/2\end{pmatrix}，\boldsymbol{P}=\begin{pmatrix}p_1\\ p_2\\ p_3\end{pmatrix}$$

式（3-4）也可写为

$$(\boldsymbol{E}-\boldsymbol{A})\boldsymbol{P}=\boldsymbol{O} \tag{3-5}$$

式中，$\boldsymbol{E}$ 为三阶单位矩阵.

下面我们来求式（3-5）中的 $\boldsymbol{P}$，要求 $\boldsymbol{P}$ 中的元素不为负数，并且至少有一个元素 p_i 为正数，因为 $\boldsymbol{P}=\boldsymbol{O}$ 说明所有商品价格为 0，没有实际意义.

解 由式（3-5）可得

$$\boldsymbol{P}=c\begin{pmatrix}4\\ 3\\ 4\end{pmatrix}\ （c\text{ 为任意实数}）$$

事实上，我们只能取 c 为正数.例如，取 $c=1000$ 元，则每单位食物的价格为 4000 元，每单位房屋的价格为 3000 元，每单位衣服的价格为 4000 元.

例 3-11 现在考虑一般性的问题，假设有 n 个制造商 $M_1,M_2,\cdots,M_n$ 与 n 种商品 $G_1,G_2,\cdots,G_n$，且 M_i 只制造 G_i. 考虑一固定的时间（如一年），并假设 M_i 每年只制造一单位的 G_i.在制造商品 G_i 时，制造商 M_i 可能要消耗一些商品 $G_1,G_2,\cdots,G_n$. 令 a_{ij} 表示制造商 M_i 消耗商品 G_j 的量，则 $0\leqslant a_{ij}\leqslant 1$.假设此模型是封闭的，即没有商品流出或者加入此模型系统，也就是说，每个商品的总消费量必定等于其总生产量.

解 因为 G_j 的总生产量为 1，故可得

$$a_{1j}+a_{2j}+\cdots+a_{nj}=1\ (1\leqslant j\leqslant n)$$

如果每单位 G_k 的价格是 p_k，则制造商 M_i 的支出为

$$a_{i1}p_1+a_{i2}p_2+\cdots+a_{in}p_n$$

下面我们来求价格 $p_1, p_2, \cdots, p_n$，使得所有制造商既不赚钱也不亏本，即收支平衡. 又因为制造商 M_i 只制造一单位的商品，故其收入为 p_i，所以我们可建立如下线性方程组：

$$\begin{cases} a_{11}p_1 + a_{12}p_2 + \cdots + a_{1n}p_n = p_1 \\ a_{21}p_1 + a_{22}p_2 + \cdots + a_{2n}p_n = p_2 \\ \cdots\cdots\cdots\cdots \\ a_{n1}p_1 + a_{n2}p_2 + \cdots + a_{nn}p_n = p_n \end{cases}$$

其矩阵形式为

$$\boldsymbol{AP} = \boldsymbol{P} \tag{3-6}$$

式中，

$$\boldsymbol{A} = (a_{ij}),\quad \boldsymbol{P} = \begin{pmatrix} p_1 \\ \vdots \\ p_2 \\ p_n \end{pmatrix}$$

式（3-6）也可写为

$$(\boldsymbol{E} - \boldsymbol{A})\boldsymbol{P} = \boldsymbol{O} \tag{3-7}$$

式中，$\boldsymbol{E}$ 为 n 阶单位矩阵.

所以我们的问题在于求出 $\boldsymbol{P}$，$\boldsymbol{P}$ 中的元素均为非负数，且至少有一个为正数.故解齐次线性方程组（3-7）即可.

例 3-12　《九章算术》是从先秦到西汉中叶经众多学者编撰、修改的一部数学著作. 全书共有 246 个数学问题，分为 9 章：方田、粟米、衰分、少广、商功、均输、盈不足、方程、勾股.其中有些问题可以追溯到周代.

《周礼》的“六艺”中有一门是“九数”. 其中《九章算术》有如下问题：今有上禾三秉，中禾二秉，下禾一秉，实三十九斗；上禾二秉，中禾三秉，下禾一秉，实三十四斗；上禾一秉，中禾二秉，下禾三秉，实二十六斗. 问上、中、下禾实一秉各几何？

分析　现有上等黍 3 捆、中等黍 2 捆、下等黍 1 捆，打出的黍共有 39 斗；有上等黍 2 捆、中等黍 3 捆、下等黍 1 捆，打出的黍共有 34 斗；有上等黍 1 捆、中等黍 2 捆、下等黍 3 捆，打出的黍共有 26 斗. 问 1 捆上等黍、1 捆中等黍、1 捆下等黍各能打出多少斗黍？设上禾、中禾、下禾各一秉打出的黍分别为 x, y, z 斗，则建立线性方程组如下：

$$\begin{cases} 3x + 2y + z = 39 \\ 2x + 3y + z = 34 \\ x + 2y + 3z = 26 \end{cases}$$

可采用 Gauss 消去法求解.

例 3-13　在用化学方法处理污水的过程中，有时会涉及复杂的化学反应. 这些反应的化学方程式是分析计算和工艺设计的重要依据. 在定性地检测出反应物和生成物之后，可以通过求解线性方程组配平化学方程式.

化学方程式描述了因化学反应而消耗与生成的物质数量，如当丙烷气体燃烧时，其化学方程式为

$$(x_1)C_3H_8 + (x_2)O_2 \to (x_3)CO_2 + (x_4)H_2O$$

化学方程式左边碳（C）、氢（H）、氧（O）原子的总数	等于	化学方程式右边碳（C）、氢（H）、氧（O）原子的总数

配平化学方程式的一个有条理的方法是建立一个向量方程来说明化学反应，构造如下向量：

$$C_3H_8\begin{pmatrix}3\\8\\0\end{pmatrix},\ O_2\begin{pmatrix}0\\0\\2\end{pmatrix},\ CO_2\begin{pmatrix}1\\0\\2\end{pmatrix},\ H_2O\begin{pmatrix}0\\2\\1\end{pmatrix}\begin{matrix}\leftarrow 碳\\\leftarrow 氢\\\leftarrow 氧\end{matrix}$$

要配平化学方程式，x_1,x_2,x_3,x_4 必须满足：

$$x_1\begin{pmatrix}3\\8\\0\end{pmatrix}+x_2\begin{pmatrix}0\\0\\2\end{pmatrix}=x_3\begin{pmatrix}1\\0\\2\end{pmatrix}+x_4\begin{pmatrix}0\\2\\1\end{pmatrix}$$

$$x_1\begin{pmatrix}3\\8\\0\end{pmatrix}+x_2\begin{pmatrix}0\\0\\2\end{pmatrix}-x_3\begin{pmatrix}1\\0\\2\end{pmatrix}-x_4\begin{pmatrix}0\\2\\1\end{pmatrix}=\begin{pmatrix}0\\0\\0\end{pmatrix}$$

即

$$\begin{pmatrix}3&0&-1&0\\8&0&0&-2\\0&2&-2&-1\end{pmatrix}\begin{pmatrix}x_1\\x_2\\x_3\\x_4\end{pmatrix}=\begin{pmatrix}0\\0\\0\end{pmatrix}$$

解得

$$x_1=\frac{1}{4}x_4, x_2=\frac{5}{4}x_4, x_3=\frac{3}{4}x_4, x_4 \text{是自由未知量}$$

因为化学方程式的系数必须是整数，取 $x_4=4$，所以有

$$x_1=1,\ x_2=5,\ x_3=3$$

例 3-14 20 世纪 80 年代，有一种非常流行的减肥食谱——剑桥食谱，这是由剑桥大学 Alan H. Howard 博士领导的团队用 8 年时间对过度肥胖的患者进行临床研究得出的成果.剑桥食谱精确地平衡了碳水化合物、蛋白质、脂肪、维生素、矿物质、微量元素和电解质.近年来，有数百人应用这一食谱成功减肥.表 3-2 所示为剑桥食谱中 3 种食物及每 100g 食物中所含营养素的质量.

表 3-2　剑桥食谱中 3 种食物及每 100g 食物中所含营养素的质量

营养素	每 100g 食物中所含营养素的质量/g			每天供应量/g
	脱脂牛奶	大豆粉	乳清	
蛋白质	36	51	13	33
碳水化合物	52	34	74	45
脂肪	0	7	1.1	3

求出脱脂牛奶、大豆粉、乳清的某种组合，使该食谱每天能供给表 3-2 中规定的蛋白质、碳水化合物和脂肪的含量.现假设脱脂牛奶为 x_1 单位，大豆粉为 x_2 单位，乳清为 x_3 单位，如表 3-3 所示.

表 3-3　各营养素的数量

营养素	100g 脱脂牛奶中营养素含量	100g 大豆粉中营养素含量	100g 乳清中营养素含量	所需营养素总量
蛋白质	36	51	13	33
碳水化合物	52	34	74	45
脂肪	0	7	1.1	3
单位	x_1	x_2	x_3	

可列如下方程组：

$$x_1\begin{pmatrix}36\\52\\0\end{pmatrix}+x_2\begin{pmatrix}51\\34\\7\end{pmatrix}+x_3\begin{pmatrix}13\\74\\1.1\end{pmatrix}=\begin{pmatrix}33\\45\\3\end{pmatrix}$$

即

$$\begin{pmatrix}36&51&13\\52&34&74\\0&7&1.1\end{pmatrix}\begin{pmatrix}x_1\\x_2\\x_3\end{pmatrix}=\begin{pmatrix}33\\45\\3\end{pmatrix}$$

解得

$$\begin{pmatrix}x_1\\x_2\\x_3\end{pmatrix}=\begin{pmatrix}0.277\\0.392\\0.233\end{pmatrix}$$

例 3-15　在化工、医药、日常膳食等方面经常涉及配方问题. 在不考虑各种成分之间可能发生某些化学反应时，一种佐料由四种原料 A、B、C、D 混合而成. 这种佐料现有两种规格，在这两种规格的佐料中，四种原料的比例分别为 2 : 3 : 1 : 1 和 1 : 2 : 1 : 2. 现在需要四种原料的比例为 4 : 7 : 3 : 5 的第三种规格的佐料. 问：第三种规格的佐料能否由前两种规格的佐料按一定比例配制而成？

分析　设四种原料混合在一起时不发生化学反应，四种原料的比例是按重量计算的.

前两种规格的佐料分装成袋，如第一种规格的佐料每袋净重 7g（其中 A、B、C、D 四种原料分别为 2g、3g、1g、1g），第二种规格的佐料每袋净重 6g（其中 A、B、C、D 四种原料分别为 1g、2g、1g、2g）.

解 可以进一步假设将 x 袋第一种规格的佐料与 y 袋第二种规格的佐料混合在一起，得到的混合物中 A、B、C、D 四种原料分别为 4g、7g、3g、5g，则有以下线性方程组：

$$\begin{cases} 2x+y=4 \\ 3x+2y=7 \\ x+y=3 \\ x+2y=5 \end{cases}$$

上述线性方程组的增广矩阵为

$$(\boldsymbol{A} \quad \boldsymbol{b})=\begin{pmatrix} 2 & 1 & 4 \\ 3 & 2 & 7 \\ 1 & 1 & 3 \\ 1 & 2 & 5 \end{pmatrix} \xrightarrow{\text{初等行变换}} \begin{pmatrix} 1 & 0 & 1 \\ 0 & 1 & 2 \\ 0 & 0 & 0 \\ 0 & 0 & 0 \end{pmatrix}$$

可见 $x=1$，$y=2$. 又因为第一种规格的佐料每袋净重 7g，第二种规格的佐料每袋净重 6g，所以第三种规格的佐料能由前两种规格的佐料按 7∶12 的比例配制而成.

复习题 3

1. 已知向量 $\boldsymbol{\alpha}_1=(1,2,3)$，$\boldsymbol{\alpha}_2=(3,2,1)$，$\boldsymbol{\alpha}_3=(-2,0,2)$，$\boldsymbol{\alpha}_4=(1,2,4)$，求：

（1）$3\boldsymbol{\alpha}_1+2\boldsymbol{\alpha}_2-5\boldsymbol{\alpha}_3+4\boldsymbol{\alpha}_4$；（2）$5\boldsymbol{\alpha}_1+2\boldsymbol{\alpha}_2-\boldsymbol{\alpha}_3-\boldsymbol{\alpha}_4$.

2. 已知向量 $\boldsymbol{\alpha}=(3,5,7,9)$，$\boldsymbol{\beta}=(-1,5,2,0)$.

（1）如果 $\boldsymbol{\alpha}+\boldsymbol{\xi}=\boldsymbol{\beta}$，求 $\boldsymbol{\xi}$；（2）如果 $3\boldsymbol{\alpha}-2\boldsymbol{\eta}=5\boldsymbol{\beta}$，求 $\boldsymbol{\eta}$.

3. 判断下列向量组是线性相关的还是线性无关的.

（1）$\boldsymbol{\alpha}_1=(1,0,-1)^{\mathrm{T}}$，$\boldsymbol{\alpha}_2=(-2,2,0)^{\mathrm{T}}$，$\boldsymbol{\alpha}_3=(3,-5,2)^{\mathrm{T}}$；

（2）$\boldsymbol{\alpha}_1=(1,1,3,1)^{\mathrm{T}}$，$\boldsymbol{\alpha}_2=(3,-1,2,4)^{\mathrm{T}}$，$\boldsymbol{\alpha}_3=(2,2,7,-1)^{\mathrm{T}}$.

4. 问当 a 取何值时，下列向量组线性相关.

$$\boldsymbol{\alpha}_1=(a,1,1)^{\mathrm{T}}，\boldsymbol{\alpha}_2=(1,a,-1)^{\mathrm{T}}，\boldsymbol{\alpha}_3=(1,-1,a)^{\mathrm{T}}$$

5. 设 $\boldsymbol{\beta}_1=\boldsymbol{\alpha}_1$，$\boldsymbol{\beta}_2=\boldsymbol{\alpha}_1+\boldsymbol{\alpha}_2$，…，$\boldsymbol{\beta}_r=\boldsymbol{\alpha}_1+\boldsymbol{\alpha}_2+\cdots+\boldsymbol{\alpha}_r$，且向量组 $\boldsymbol{\alpha}_1,\boldsymbol{\alpha}_2,\cdots,\boldsymbol{\alpha}_r$ 线性无关，证明向量组 $\boldsymbol{\beta}_1,\boldsymbol{\beta}_2,\cdots,\boldsymbol{\beta}_r$ 线性无关.

6. 设向量组 $\boldsymbol{\alpha}_1,\boldsymbol{\alpha}_2,\boldsymbol{\alpha}_3$ 线性无关，已知：

$$\boldsymbol{\beta}_1=k_1\boldsymbol{\alpha}_1+\boldsymbol{\alpha}_2+k_1\boldsymbol{\alpha}_3，\boldsymbol{\beta}_2=\boldsymbol{\alpha}_1+k_2\boldsymbol{\alpha}_2+(k_2+1)\boldsymbol{\alpha}_3，\boldsymbol{\beta}_3=\boldsymbol{\alpha}_1+\boldsymbol{\alpha}_2+\boldsymbol{\alpha}_3$$

问当 k_1,k_2 为何值时，$\boldsymbol{\beta}_1,\boldsymbol{\beta}_2,\boldsymbol{\beta}_3$ 线性相关？当 k_1,k_2 为何值时，$\boldsymbol{\beta}_1,\boldsymbol{\beta}_2,\boldsymbol{\beta}_3$ 线性无关？

7. 求下列向量组的一个极大无关组，并将其余向量用此极大无关组线性表示.

（1）$\boldsymbol{\alpha}_1=(1,1,1)^{\mathrm{T}}$，$\boldsymbol{\alpha}_2=(1,1,0)^{\mathrm{T}}$，$\boldsymbol{\alpha}_3=(1,0,0)^{\mathrm{T}}$，$\boldsymbol{\alpha}_4=(1,2,-3)^{\mathrm{T}}$；

（2）$\boldsymbol{\alpha}_1=(2,1,1,1)^{\mathrm{T}}$，$\boldsymbol{\alpha}_2=(-1,1,7,10)^{\mathrm{T}}$，$\boldsymbol{\alpha}_3=(3,1,-1,-2)^{\mathrm{T}}$，$\boldsymbol{\alpha}_4=(8,5,9,11)^{\mathrm{T}}$；

（3） $\boldsymbol{\alpha}_1=(1,-1,0,4)^{\mathrm{T}}$， $\boldsymbol{\alpha}_2=(2,1,5,6)^{\mathrm{T}}$， $\boldsymbol{\alpha}_3=(1,-1,-2,0)^{\mathrm{T}}$， $\boldsymbol{\alpha}_4=(3,0,7,14)^{\mathrm{T}}$.

8. 设向量组

$$\boldsymbol{\alpha}_1=\begin{pmatrix}a\\3\\1\end{pmatrix},\ \boldsymbol{\alpha}_2=\begin{pmatrix}2\\b\\3\end{pmatrix},\ \boldsymbol{\alpha}_3=\begin{pmatrix}1\\2\\1\end{pmatrix},\ \boldsymbol{\alpha}_4=\begin{pmatrix}2\\3\\1\end{pmatrix}$$

的秩为 2，求 a 和 b .

9. 设 $\boldsymbol{\alpha}_1,\boldsymbol{\alpha}_2,\cdots,\boldsymbol{\alpha}_n$ 是一组 n 维向量，已知 n 维单位向量 $\boldsymbol{\varepsilon}_1,\boldsymbol{\varepsilon}_2,\cdots,\boldsymbol{\varepsilon}_n$ 能由它们线性表示，证明 $\boldsymbol{\alpha}_1,\boldsymbol{\alpha}_2,\cdots,\boldsymbol{\alpha}_n$ 线性无关.

10. 用消元法求解下列齐次线性方程组.

（1） $\begin{cases}x_1+2x_2-3x_3=0\\2x_1+5x_2+2x_3=0\\3x_1-x_2-4x_3=0\end{cases}$；　　（2） $\begin{cases}x_1+2x_2+x_3-x_4=0\\3x_1+6x_2-x_3-3x_4=0\\5x_1+10x_2+x_3-5x_4=0\end{cases}$.

11. 用消元法求解下列非齐次线性方程组.

（1） $\begin{cases}4x_1+2x_2-x_3=2\\3x_1-x_2+2x_3=10\\11x_1+3x_2=8\end{cases}$；　　（2） $\begin{cases}2x_1+x_2-x_3+x_4=1\\4x_1+2x_2-2x_3+x_4=2\\2x_1+x_2-x_3-x_4=1\end{cases}$.

12. 确定 a 的值，使下列齐次线性方程组有非零解，并在有非零解时求出其全部解.

$$\begin{cases}ax_1+x_2+x_3=0\\x_1+ax_2+x_3=0\\x_1+x_2+ax_3=0\end{cases}$$

13. 确定当 λ 为何值时，下列非齐次线性方程组有唯一解、无穷多解或无解，并在有无穷多解时求出其解.

$$\begin{cases}\lambda x_1+x_2+x_3=1\\x_1+\lambda x_2+x_3=\lambda\\x_1+x_2+\lambda x_3=\lambda^2\end{cases}$$

本章知识精要

一、求矩阵秩的方法

用初等行变换将矩阵 $\boldsymbol{A}$ 化为阶梯形矩阵，则 $R(\boldsymbol{A})$ 等于阶梯形矩阵中非零行的行数.

注意：矩阵的初等行变换不改变矩阵的秩.

二、n 维向量及其相关性

1. 线性相关与线性无关

对一组向量 $\boldsymbol{\alpha}_1,\boldsymbol{\alpha}_2,\cdots,\boldsymbol{\alpha}_m$，若存在一组不全为 0 的数 $k_1,k_2,\cdots,k_m$，使

$$k_1\boldsymbol{\alpha}_1+k_2\boldsymbol{\alpha}_2+\cdots+k_m\boldsymbol{\alpha}_m=\boldsymbol{O} \tag{3-8}$$

成立，则称$\boldsymbol{\alpha}_1,\boldsymbol{\alpha}_2,\cdots,\boldsymbol{\alpha}_m$线性相关，也就是说，该向量组中至少有一个向量可以被其余向量线性表出.

如果只有当$k_1=k_2=\cdots=k_m=0$时，式（3-8）才成立，则$\boldsymbol{\alpha}_1,\boldsymbol{\alpha}_2,\cdots,\boldsymbol{\alpha}_m$线性无关.也就是说，只要有一个数$k_j\neq 0(1\leqslant j\leqslant m)$，式（3-8）就不成立，即当$\boldsymbol{\alpha}_1,\boldsymbol{\alpha}_2,\cdots,\boldsymbol{\alpha}_m$线性无关时，向量组中任一向量都不能被其余向量线性表出.

2. 向量组线性相关性的常用判别方法

先求向量组的秩，然后根据向量组的秩是否等于向量的个数，判别向量组是否线性相关.

3. 向量组的极大无关组和向量组的秩的求法

把向量组中的每个向量作为矩阵的列构成一个矩阵，用初等行变换将其化为阶梯形矩阵，则非零行的个数就是向量组的秩，主元所在列对应的原来向量组就是极大无关组.

注意：向量组的秩不能大于向量的个数m，也不能大于向量的维数n，即

$$R(\boldsymbol{\alpha}_1,\boldsymbol{\alpha}_2,\cdots,\boldsymbol{\alpha}_m)\leqslant\min\{m,n\}$$

三、线性方程组解的判定与解法

1. 求解线性方程组的消元法

首先写出增广矩阵$\tilde{\boldsymbol{A}}$（或系数矩阵$\boldsymbol{A}$），并用初等行变换将其化成阶梯形矩阵；然后判断方程组是否有解；若有解，则写出阶梯形矩阵对应的方程组，并用回代的方法求解，或者继续用初等行变换将阶梯形矩阵化成行最简形矩阵，写出方程组的一般解.

2. 线性方程组的解的判定方法

$$\boldsymbol{AX}=\boldsymbol{B}\begin{cases}R(\boldsymbol{A})\neq R(\tilde{\boldsymbol{A}})，\text{无解}\\ R(\boldsymbol{A})=R(\tilde{\boldsymbol{A}})=r，\text{有解}\begin{cases}r=n\Rightarrow\text{唯一解}\\ r<n\Rightarrow\text{无穷解}\end{cases}\end{cases}$$

3. 齐次线性方程组的解的判定方法

$$\boldsymbol{AX}=\boldsymbol{O}\begin{cases}R(\boldsymbol{A})=n，\text{只有零解}\\ R(\boldsymbol{A})<n，\text{有非零解}\begin{cases}\text{当}m=n\text{时有非零解}\Leftrightarrow\det\boldsymbol{A}=0\\ \text{当}m<n\text{时一定有非零解}\end{cases}\end{cases}$$

4. 求齐次线性方程组$\boldsymbol{AX}=\boldsymbol{O}$的基础解系的一般步骤

第一步，对齐次线性方程组的系数矩阵施行初等变换，将它化为行最简形矩阵.

第二步，求出基础解系：$\boldsymbol{\eta}_1,\boldsymbol{\eta}_2,\cdots,\boldsymbol{\eta}_s$.

第三步，写出齐次线性方程组的全部解：$\boldsymbol{X}=k_1\boldsymbol{\eta}_1+k_2\boldsymbol{\eta}_2+\cdots+k_s\boldsymbol{\eta}_s$.

5. 求非齐次线性方程组$\boldsymbol{AX}=\boldsymbol{B}$解的一般步骤

第一步，对非齐次线性方程组的增广矩阵施行初等行变换，将增广矩阵化为行最简形

矩阵.

第二步，求出非齐次线性方程组的一个特解 $\boldsymbol{X}_1$.

第三步，求出导出组的基础解系：$\boldsymbol{\eta}_1, \boldsymbol{\eta}_2, \cdots, \boldsymbol{\eta}_s$.

第四步，写出非齐次线性方程组的全部解：$\boldsymbol{X} = C_1\boldsymbol{\eta}_1 + C_2\boldsymbol{\eta}_2 + \cdots + C_s\boldsymbol{\eta}_s + \boldsymbol{X}_1$.

第 4 章　相似矩阵

本章讨论的主要问题是方程的特征值、特征向量及方阵的相似对角化等，这些问题在理工学科和经管学科中都有十分重要的作用.本章讨论中所涉及的数，如果没有特别说明，均指实数.

4.1　向量组的正交规范化

为了给方阵的相似及其对角化的讨论做好准备，我们先介绍向量内积和向量组的正交规范化.

4.1.1　向量内积及其性质

定义 1　若有 n 维向量

$$\boldsymbol{x}=\begin{pmatrix}x_1\\x_2\\\vdots\\x_n\end{pmatrix},\quad \boldsymbol{y}=\begin{pmatrix}y_1\\y_2\\\vdots\\y_n\end{pmatrix}$$

则 $[\boldsymbol{x},\boldsymbol{y}]=x_1y_1+x_2y_2+\cdots+x_ny_n$ 称为 $\boldsymbol{x}$ **与** $\boldsymbol{y}$ **的内积**.也可用矩阵记号表示为

$$[\boldsymbol{x},\boldsymbol{y}]=\boldsymbol{x}^{\mathrm{T}}\boldsymbol{y}=(x_1,x_2,\cdots,x_n)\begin{pmatrix}y_1\\y_2\\\vdots\\y_n\end{pmatrix}$$

内积的性质（$\boldsymbol{x},\boldsymbol{y},\boldsymbol{z}$ 为 n 维向量，λ 为实数）如下.

（1）$[\boldsymbol{x},\boldsymbol{y}]=[\boldsymbol{y},\boldsymbol{x}]$；

（2）$[\lambda\boldsymbol{x},\boldsymbol{y}]=\lambda[\boldsymbol{x},\boldsymbol{y}]$；

（3）$[\boldsymbol{x}+\boldsymbol{y},\boldsymbol{z}]=[\boldsymbol{x},\boldsymbol{z}]+[\boldsymbol{y},\boldsymbol{z}]$；

（4）$[\boldsymbol{x},\boldsymbol{x}]\geqslant 0$，当且仅当 $\boldsymbol{x}=0$ 时，$[\boldsymbol{x},\boldsymbol{x}]=0$.

在几何中，我们知道向量的数量积为

$$\boldsymbol{x}\cdot\boldsymbol{y}=|\boldsymbol{x}||\boldsymbol{y}|\cos\theta=\{x_1,x_2,x_3\}\cdot\{y_1,y_2,y_3\}=x_1y_1+x_2y_2+x_3y_3$$

由此可见，n 维向量的内积是数量积的推广.类似地，可用内积来定义 n 维向量的长度和夹角.

定义 2　$\|x\|=\sqrt{[x,x]}=\sqrt{x_1^2+x_2^2+\cdots+x_n^2}$ 称为 n 维向量 x 的**长度（或范数）**.

向量的长度具有如下性质.

（1）非负性.$\|x\|\geqslant 0$，当且仅当 $x=0$ 时，$\|x\|=0$.

（2）齐次性.$\|\lambda x\|=|\lambda|\|x\|$.

（3）三角不等式.$\|x+y\|\leqslant\|x\|+\|y\|$.

当 $\|x\|=1$ 时，称 x 为**单位向量**.

对于任一 n 维非零向量 α，向量 $\dfrac{\alpha}{\|\alpha\|}$ 是一个单位向量，因为 $\left\|\dfrac{\alpha}{\|\alpha\|}\right\|=\dfrac{1}{\|\alpha\|}\|\alpha\|=1$.

向量的内积满足 $[x,y]^2\leqslant[x,x][y,y]$，此式称为施瓦茨不等式，这里不予证明.由此可见，

$$\left|\frac{[x,y]}{\|x\|\|y\|}\right|\leqslant 1 \text{（当}\|x\|\|y\|\neq 0\text{时）}$$

于是当 $\|x\|\neq 0$，$\|y\|\neq 0$ 时，$\theta=\arccos\dfrac{[x,y]}{\|x\|.\|y\|}$ 称为 n 维向量 x 与 y 的夹角.

4.1.2　正交向量组及其性质

当 $[x,y]=0$ 时，称 x 与 y 正交，若 $x=O$，则 x 与任何向量都正交.

定义 3　若 n 维向量 $\alpha_1,\alpha_2,\cdots,\alpha_r$ 是一个非零向量组，且其中向量两两正交，则称该向量组为**正交向量组**.

下面讨论正交向量组的性质.

定理 1　若 n 维向量 $\alpha_1,\alpha_2,\cdots,\alpha_r$ 是一个正交向量组，则 $\alpha_1,\alpha_2,\cdots,\alpha_r$ 线性无关.

证明　设有 $\lambda_1,\lambda_2,\cdots,\lambda_r$ 使

$$\lambda_1\alpha_1+\lambda_2\alpha_2+\cdots+\lambda_r\alpha_r=O$$

以 $\alpha_1^{\mathrm T}$ 左乘上式两边，得

$$\lambda_1\alpha_1^{\mathrm T}\alpha_1=O \text{（因为}\alpha_1,\alpha_2,\cdots,\alpha_r\text{两两相交）}$$

因为 $\alpha_1\neq O$，所以 $\alpha_1^{\mathrm T}\alpha_1=\|\alpha\|^2\neq 0$，从而必有 $\lambda_1=0$.类似可证 $\lambda_2=0$，…，$\lambda_r=0$.于是 $\alpha_1,\alpha_2,\cdots,\alpha_r$ 线性无关.

显然，线性无关向量组不一定是正交向量组.

定理 1 表明 n 维向量空间 $\mathbb{R}^n$ 中的正交向量组含有的向量不会多于 n 个，因为 $\mathbb{R}^n$ 中向量个数大于 n 的向量组必线性相关.

4.1.3 规范正交基及其求法

一般常用正交向量组作为向量空间的基，称为向量空间的正交基.例如，n 个两两正交的 n 维非零向量，可构成向量空间 $\mathbb{R}^n$ 中的一个正交基.

定义 4 设 n 维向量 $e_1, e_2, \cdots, e_r$ 是向量空间 V（$V \subseteq \mathbb{R}^n$）中的一个基，若 $e_1, e_2, \cdots, e_r$ 两两正交且均为单位向量，则称 $e_1, e_2, \cdots, e_r$ 是 V 中的一个规范正交基.

当然，一个向量空间的正交基或规范正交基均不是唯一的.例如，

$$e_1 = (1,0,0)^{\mathrm{T}}，\ e_2 = (0,1,0)^{\mathrm{T}}，\ e_3 = (0,0,1)^{\mathrm{T}}$$

与 $\alpha_1 = (0,0,1)$，$\alpha_2 = \left(\frac{1}{\sqrt{2}}, \frac{1}{\sqrt{2}}, 0\right)^{\mathrm{T}}$，$\alpha_3 = \left(-\frac{1}{\sqrt{2}}, -\frac{1}{\sqrt{2}}, 1\right)^{\mathrm{T}}$ 均是 $\mathbb{R}^3$ 中的规范正交基. n 维单位向量组 $e_1, e_2, \cdots, e_r$ 是 $\mathbb{R}^n$ 中常见的规范正交基.

若 $e_1, e_2, \cdots, e_r$ 是 V 中的一个规范正交基，则 V 中任一向量 α 能由 $e_1, e_2, \cdots, e_r$ 线性表示，设表示式为 $\alpha = \lambda_1 e_1 + \lambda_2 e_2 + \cdots + \lambda_r e_r$，为求其中的系数 λ_i（$i = 1,2,\cdots,r$），可用 e_i^{T} 左乘上式，有 $e_i^{\mathrm{T}}\alpha = \lambda_i e_i^{\mathrm{T}} e_i = \lambda_i$，即 $\lambda_i = e_i^{\mathrm{T}}$，这就是向量在规范正交基中的坐标的计算公式，利用它能方便求得向量 α 在正交基 $e_1, e_2, \cdots, e_r$ 中的坐标：$(\lambda_1, \lambda_2, \cdots, \lambda_r)$.因此，我们在给出向量空间的基时常常取规范正交基.

规范正交基的求法如下.

设 $\alpha_1, \alpha_2, \cdots, \alpha_r$ 是向量空间 V 中的一个基，求 V 中的一个规范正交基，就是要找出一组两两正交的单位向量 $e_1, e_2, \cdots, e_r$，使 $e_1, e_2, \cdots, e_r$ 与 $\alpha_1, \alpha_2, \cdots, \alpha_r$ 等价，其步骤如下.

（1）正交化.

取

$$\begin{aligned}
\beta_1 &= \alpha_1 \\
\beta_2 &= \alpha_2 - \frac{[\beta_1, \alpha_2]}{[\beta_1, \beta_1]}\beta_1 \\
\beta_3 &= \alpha_3 - \frac{[\beta_1, \alpha_3]}{[\beta_1, \beta_1]}\beta_1 - \frac{[\beta_2, \alpha_3]}{[\beta_2, \beta_2]}\beta_2 \\
&\ \ \vdots \\
\beta_r &= \alpha_r - \frac{[\beta_1, \alpha_r]}{[\beta_1, \beta_1]}\beta_1 - \frac{[\beta_2, \alpha_r]}{[\beta_2, \beta_2]}\beta_2 - \cdots - \frac{[\beta_{r-1}, \alpha_r]}{[\beta_{r-1}, \beta_{r-1}]}\beta_{r-1}
\end{aligned}$$

根据向量内积性质，容易验证 $\beta_1, \beta_2, \cdots, \beta_r$ 两两正交，且 $\beta_1, \beta_2, \cdots, \beta_r$ 与 $\alpha_1, \alpha_2, \cdots, \alpha_r$ 等价.上述过程为施密特正交化过程.

（2）单位化.

取 $e_1 = \frac{\beta_1}{\|\beta_1\|}$，$e_2 = \frac{\beta_2}{\|\beta_2\|}$，…，$e_r = \frac{\beta_r}{\|\beta_r\|}$，则 $e_1, e_2, \cdots, e_r$ 是 V 中的一个规范正交基.

例 4-1 设 $\alpha_1 = (1,2,-1)^{\mathrm{T}}$，$\alpha_2 = (-1,3,1)^{\mathrm{T}}$，$\alpha_3 = (4,-1,0)^{\mathrm{T}}$，试用施密特正交化过程把这

组向量规范化.

解　先正交化，取 $\boldsymbol{\beta}_1=\boldsymbol{\alpha}_1$，有

$$\boldsymbol{\beta}_2=\boldsymbol{\alpha}_2-\frac{[\boldsymbol{\beta}_1,\boldsymbol{\alpha}_2]}{[\boldsymbol{\beta}_1,\boldsymbol{\beta}_1]}\boldsymbol{\beta}_1=(-1,3,1)^{\mathrm{T}}-\frac{4}{6}(1,2,-1)^{\mathrm{T}}=\frac{5}{3}(-1,1,1)^{\mathrm{T}}$$

$$\boldsymbol{\beta}_3=\boldsymbol{\alpha}_3-\frac{[\boldsymbol{\beta}_1,\boldsymbol{\alpha}_3]}{[\boldsymbol{\beta}_1,\boldsymbol{\beta}_1]}\boldsymbol{\beta}_1-\frac{[\boldsymbol{\beta}_1,\boldsymbol{\alpha}_3]}{[\boldsymbol{\beta}_2,\boldsymbol{\beta}_2]}\boldsymbol{\beta}_2=(4,-1,0)^{\mathrm{T}}-\frac{2}{6}(1,2,-1)^{\mathrm{T}}-\frac{5}{3}(-1,1,1)^{\mathrm{T}}$$
$$=2(1,0,1)^{\mathrm{T}}$$

再单位化，取

$$\boldsymbol{e}_1=\frac{\boldsymbol{\beta}_1}{\|\boldsymbol{\beta}_1\|}=\frac{1}{\sqrt{6}}(1,2,-1)^{\mathrm{T}}，\boldsymbol{e}_2=\frac{\boldsymbol{\beta}_2}{\|\boldsymbol{\beta}_2\|}=\frac{1}{\sqrt{3}}(-1,1,1)^{\mathrm{T}}$$

$$\boldsymbol{e}_3=\frac{\boldsymbol{\beta}_3}{\|\boldsymbol{\beta}_3\|}=\frac{1}{\sqrt{2}}(1,2,1)^{\mathrm{T}}$$

$\boldsymbol{e}_1,\boldsymbol{e}_2,\boldsymbol{e}_3$ 即所求.

4.1.4　正交矩阵与正交变换

定义 5　若 n 阶方阵 $\boldsymbol{A}$ 满足 $\boldsymbol{A}^{\mathrm{T}}\boldsymbol{A}=\boldsymbol{E}$，则称 $\boldsymbol{A}$ 为正交矩阵.

正交矩阵具有以下性质.

（1）$\boldsymbol{A}^{-1}=\boldsymbol{A}^{\mathrm{T}}$ 或 $(\boldsymbol{A}^{\mathrm{T}})^{-1}=\boldsymbol{A}$，即 $\boldsymbol{A}\boldsymbol{A}^{\mathrm{T}}=\boldsymbol{A}^{\mathrm{T}}\boldsymbol{A}=\boldsymbol{E}$.

（2）若 $\boldsymbol{A}$ 与 $\boldsymbol{B}$ 都是 n 阶正交矩阵，则 $\boldsymbol{AB}$ 也是正交矩阵.

（3）若 $\boldsymbol{A}$ 是正交矩阵，则 $\boldsymbol{A}^{-1}$（或 $\boldsymbol{A}^{\mathrm{T}}$）也是正交矩阵.

（4）若 $\boldsymbol{A}$ 是正交矩阵，则 $\det\boldsymbol{A}=1$ 或 $\det\boldsymbol{A}=-1$.

下面仅证（2）、（3）.

证明　（2）因为 $\boldsymbol{A}^{\mathrm{T}}\boldsymbol{A}=\boldsymbol{E}$，$\boldsymbol{B}^{\mathrm{T}}\boldsymbol{B}=\boldsymbol{E}$，有 $(\boldsymbol{AB})^{\mathrm{T}}(\boldsymbol{AB})=\boldsymbol{B}^{\mathrm{T}}\boldsymbol{A}^{\mathrm{T}}\boldsymbol{AB}=\boldsymbol{B}^{\mathrm{T}}\boldsymbol{B}=\boldsymbol{E}$，所以 $\boldsymbol{AB}$ 也是正交矩阵.

（3）因为 $\boldsymbol{A}^{\mathrm{T}}\boldsymbol{A}=\boldsymbol{E}$，即 $\boldsymbol{A}^{-1}=\boldsymbol{A}^{\mathrm{T}}$ 或 $(\boldsymbol{A}^{\mathrm{T}})^{-1}=\boldsymbol{A}$，亦即 $(\boldsymbol{A}^{-1})^{\mathrm{T}}=\boldsymbol{A}$，所以 $(\boldsymbol{A}^{-1})^{\mathrm{T}}\cdot\boldsymbol{A}^{-1}=\boldsymbol{A}\boldsymbol{A}^{-1}=\boldsymbol{E}$，故 $\boldsymbol{A}^{-1}$（或 $\boldsymbol{A}^{\mathrm{T}}$）是正交矩阵.

正交矩阵还具有如下重要性质.

定理 2　方阵 $\boldsymbol{A}$ 为正交矩阵的充分必要条件是 $\boldsymbol{A}$ 的列向量组是单位正交向量.

证明　由定义 5 知 $\boldsymbol{A}^{\mathrm{T}}\boldsymbol{A}=\boldsymbol{E}$，用 $\boldsymbol{A}$ 的列向量表示，即

$$\begin{pmatrix}\boldsymbol{\alpha}_1^{\mathrm{T}}\\ \boldsymbol{\alpha}_2^{\mathrm{T}}\\ \vdots\\ \boldsymbol{\alpha}_n^{\mathrm{T}}\end{pmatrix}(\boldsymbol{\alpha}_1,\boldsymbol{\alpha}_2,\cdots,\boldsymbol{\alpha}_n)=\begin{pmatrix}\boldsymbol{\alpha}_1^{\mathrm{T}}\boldsymbol{\alpha}_1 & \cdots & \boldsymbol{\alpha}_1^{\mathrm{T}}\boldsymbol{\alpha}_n\\ \vdots & \ddots & \vdots\\ \boldsymbol{\alpha}_n^{\mathrm{T}}\boldsymbol{\alpha}_1 & \cdots & \boldsymbol{\alpha}_n^{\mathrm{T}}\boldsymbol{\alpha}_n\end{pmatrix}=\boldsymbol{E}$$

亦即 $\boldsymbol{\alpha}_i^{\mathrm{T}}\boldsymbol{\alpha}_j=\delta_{ij}=\begin{cases}1, & i=j\\0, & i\neq j\end{cases}$ （$i,j=1,2,\cdots,n$）.

这就说明，方阵 $\boldsymbol{A}$ 为正交矩阵的充分必要条件是 $\boldsymbol{A}$ 的列向量都是单位向量，且两两正交.

由于 $\boldsymbol{A}^{\mathrm{T}}\boldsymbol{A}=\boldsymbol{A}\boldsymbol{A}^{\mathrm{T}}=\boldsymbol{E}$，同理可证上述结论对 $\boldsymbol{A}$ 的行向量成立.

由此可见，正交矩阵 $\boldsymbol{A}$ 的 n 个列（行）向量构成向量空间 $\mathbb{R}^n$ 中的一个规范正交基.

例 4-2 试判别下列矩阵是否为正交矩阵.

$$（1）\begin{pmatrix}\frac{1}{\sqrt{2}} & 0 & \frac{1}{2} & \frac{1}{2}\\ 1 & \frac{1}{\sqrt{2}} & \frac{1}{2} & \frac{1}{2}\\ \frac{1}{\sqrt{2}} & 0 & -\frac{1}{2} & -\frac{1}{2}\\ 0 & \frac{1}{\sqrt{2}} & \frac{1}{2} & -\frac{1}{2}\end{pmatrix}；（2）\begin{pmatrix}\frac{\sqrt{2}}{2} & \frac{\sqrt{2}}{6} & \frac{2}{3}\\ 0 & -\frac{2\sqrt{2}}{\sqrt{2}} & \frac{1}{3}\\ -\frac{\sqrt{2}}{\sqrt{2}} & \frac{\sqrt{2}}{6} & \frac{2}{3}\end{pmatrix}.$$

解 （1）考察矩阵的第 1 列和第 2 列，因为

$$\frac{1}{\sqrt{2}}\times 0+1\times\frac{1}{\sqrt{2}}+\frac{1}{\sqrt{2}}\times 0+0\times\frac{1}{\sqrt{2}}\neq 0$$

所以它不是正交矩阵.

（2）由正交矩阵的定义，因为

$$\begin{pmatrix}\frac{\sqrt{2}}{2} & \frac{\sqrt{2}}{6} & \frac{2}{3}\\ 0 & -\frac{2\sqrt{2}}{\sqrt{2}} & \frac{1}{3}\\ -\frac{\sqrt{2}}{\sqrt{2}} & \frac{\sqrt{2}}{6} & \frac{2}{3}\end{pmatrix}^{\mathrm{T}}\begin{pmatrix}\frac{\sqrt{2}}{2} & \frac{\sqrt{2}}{6} & \frac{2}{3}\\ 0 & -\frac{2\sqrt{2}}{3} & \frac{1}{3}\\ -\frac{\sqrt{2}}{\sqrt{2}} & \frac{\sqrt{2}}{6} & \frac{2}{3}\end{pmatrix}=$$

$$\begin{pmatrix}\frac{\sqrt{2}}{2} & 0 & \frac{2}{3}\\ \frac{\sqrt{2}}{6} & -\frac{2\sqrt{2}}{3} & \frac{1}{3}\\ -\frac{2}{3} & \frac{\sqrt{2}}{6} & \frac{2}{3}\end{pmatrix}\begin{pmatrix}\frac{\sqrt{2}}{2} & 0 & \frac{2}{3}\\ \frac{\sqrt{2}}{6} & -\frac{2\sqrt{2}}{3} & \frac{1}{3}\\ -\frac{\sqrt{2}}{2} & \frac{\sqrt{2}}{6} & \frac{2}{3}\end{pmatrix}=\begin{pmatrix}1 & 0 & 0\\ 0 & 1 & 0\\ 0 & 0 & 1\end{pmatrix}=\boldsymbol{E}$$

所以它是正交矩阵.

定义 6 若 $\boldsymbol{P}$ 为正交矩阵，则线性变换 $\boldsymbol{y}=\boldsymbol{P}\boldsymbol{x}$ 称为**正交变换**.

在正交变换 $\boldsymbol{y}=\boldsymbol{P}\boldsymbol{x}$ 下，若

$$\boldsymbol{\beta}_1=\boldsymbol{P}\boldsymbol{\alpha}_1，\quad \boldsymbol{\beta}_2=\boldsymbol{P}\boldsymbol{\alpha}_2$$

则有

$$[\boldsymbol{\beta}_1,\boldsymbol{\beta}_2]=\boldsymbol{\beta}_1{}^{\mathrm{T}}\boldsymbol{\beta}_2=(\boldsymbol{P}\boldsymbol{\alpha}_1)^{\mathrm{T}}\boldsymbol{P}\boldsymbol{\alpha}_2=\boldsymbol{\alpha}_1{}^{\mathrm{T}}\boldsymbol{P}^{\mathrm{T}}\boldsymbol{P}\boldsymbol{\alpha}_2=\boldsymbol{\alpha}_1{}^{\mathrm{T}}\boldsymbol{E}\boldsymbol{\alpha}_2=\boldsymbol{\alpha}_1{}^{\mathrm{T}}\boldsymbol{\alpha}_2$$

$$\|\boldsymbol{\beta}_1\|=\sqrt{\boldsymbol{\beta}_1{}^{\mathrm{T}}\boldsymbol{\beta}_1}=\sqrt{(\boldsymbol{P}\boldsymbol{\alpha}_1)^{\mathrm{T}}\boldsymbol{P}\boldsymbol{\alpha}_1}=\sqrt{\boldsymbol{\alpha}_1{}^{\mathrm{T}}\boldsymbol{E}\boldsymbol{\alpha}_2}=\sqrt{\boldsymbol{\alpha}_1{}^{\mathrm{T}}\boldsymbol{\alpha}_2}=\|\boldsymbol{\alpha}_2\|$$

上式说明在正交变换下，向量的内积和长度保持不变，这正是正交变换的重要性质.

习题 4.1

1. 试用施密特法把向量组 $\boldsymbol{\alpha}_1=(1,1,1)^{\mathrm{T}}$，$\boldsymbol{\alpha}_2=(1,2,3)^{\mathrm{T}}$，$\boldsymbol{\alpha}_3=(1,4,9)^{\mathrm{T}}$ 正交化.

2. 试用施密特法把矩阵 $(\boldsymbol{\alpha}_1,\boldsymbol{\alpha}_2,\boldsymbol{\alpha}_3)=\begin{pmatrix}1&1&-1\\0&-1&1\\-1&0&0\\1&1&0\end{pmatrix}$ 的列向量组规范正交化.

3. 试判别下列矩阵是否为正交矩阵.

（1）$\begin{pmatrix}1&-\frac{1}{2}&\frac{1}{3}\\-\frac{1}{2}&1&\frac{1}{2}\\\frac{1}{3}&\frac{1}{2}&-1\end{pmatrix}$；（2）$\begin{pmatrix}\frac{1}{9}&-\frac{8}{9}&-\frac{4}{9}\\-\frac{8}{9}&\frac{1}{9}&-\frac{4}{9}\\-\frac{4}{9}&-\frac{4}{9}&\frac{7}{9}\end{pmatrix}$.

4. 若 $\boldsymbol{A}$、$\boldsymbol{B}$ 为正交矩阵，证明 $\boldsymbol{AB}$ 也是正交矩阵.

5. 若 $\boldsymbol{A}$ 是正交矩阵，证明 $\boldsymbol{A}^{-1}$ 也是正交矩阵.

6. 设 $\boldsymbol{A}$、$\boldsymbol{B}$ 为 n 阶正交矩阵，证明若 $|\boldsymbol{A}|=-|\boldsymbol{B}|$，则 $\boldsymbol{A}+\boldsymbol{B}$ 是奇异矩阵（不可逆矩阵）.

7. 设 $\boldsymbol{A}$ 为 n 阶正交矩阵，证明当 $|\boldsymbol{A}|=1$ 且 n 为奇数时，$|\boldsymbol{E}-\boldsymbol{A}|=0$.

4.2　方阵的特征值与特征向量

工程技术和经济分析中的一些问题，如振动问题和稳定性问题，通常可归结为求一个方阵的特征值和特征向量的问题；数学中诸如方阵的对角化及解微分方程组等，也都要用到特征值的理论.

4.2.1　特征值与特征向量的概念

定义　设 n 阶方阵 $\boldsymbol{A}$ 及数 λ，若存在 n 维非零向量 $\boldsymbol{x}$，使得 $\boldsymbol{Ax}=\lambda\boldsymbol{x}$ 成立，则称 λ 为 $\boldsymbol{A}$ 的一个特征值，称非零向量 $\boldsymbol{x}$ 为 $\boldsymbol{A}$ 的对应于特征值 λ 的**特征向量**.

例如，

$$x=\begin{pmatrix}1\\1\\-1\end{pmatrix},\quad A=\begin{pmatrix}3&3&2\\1&1&-2\\-3&-1&0\end{pmatrix}$$

因为

$$Ax=\begin{pmatrix}3&3&2\\1&1&-2\\-3&-1&0\end{pmatrix}\begin{pmatrix}1\\1\\-1\end{pmatrix}=4\begin{pmatrix}1\\1\\-1\end{pmatrix}$$

所以这里$\lambda=4$为A的特征值，而非零向量$x=\begin{pmatrix}1\\1\\-1\end{pmatrix}$为$A$的对应于$\lambda=4$的特征向量.

由

$$Ax=\lambda x$$

得

$$(\lambda E-A)x=O$$

则

$$\left[\lambda\begin{pmatrix}1&&\\&\ddots&\\&&1\end{pmatrix}-\begin{pmatrix}a_{11}&a_{12}&\cdots&a_{1n}\\a_{21}&a_{22}&\cdots&a_{2n}\\\vdots&\vdots&&\vdots\\a_{n1}&a_{n2}&\cdots&a_{nn}\end{pmatrix}\right]\begin{pmatrix}x_1\\x_2\\\vdots\\x_n\end{pmatrix}=\begin{pmatrix}0\\0\\\vdots\\0\end{pmatrix}$$

此方程组存在非零解的条件是系数行列式等于零，即

$$|\lambda E-A|=0 \tag{4-1}$$

式（4-1）称为A的特征方程，$|\lambda E-A|=f(\lambda)$称为A的特征多项式.若λ是$|\lambda E-A|=0$的η_i重根，则λ为A的η_i重特征值（根）.若λ_i为A的一个特征值，则

$$(\lambda_i E-A)x=O \tag{4-2}$$

的每个非零解向量P_i均为对应于λ_i的特征向量，且A的对应于特征值λ_i的全部特征向量是式（4-2）的全部非零解，可用式（4-2）的基础解系的线性组合表示（组合系数不同时为零）.

例 4-3 求矩阵$A=\begin{pmatrix}2&2&-2\\2&5&-4\\-2&-4&5\end{pmatrix}$的特征值和特征向量.

解 A的特征方程为

$$|\lambda E-A|=\begin{vmatrix}\lambda-2&-2&2\\-2&\lambda-5&4\\2&4&\lambda-5\end{vmatrix}=\begin{vmatrix}\lambda-2&-2&2\\0&\lambda-1&\lambda-1\\2&4&\lambda-5\end{vmatrix}$$

$$=\begin{vmatrix}\lambda-2 & -4 & 2\\ 0 & 0 & \lambda-1\\ 2 & -\lambda+9 & \lambda-5\end{vmatrix}=(\lambda-1)(-1)^{2+3}\begin{vmatrix}\lambda-2 & -4\\ 2 & -\lambda+9\end{vmatrix}$$

$$=(\lambda-1)^2(\lambda-10)=0$$

所以 $\boldsymbol{A}$ 的特征值为 $\lambda_1=\lambda_2=1$（二重）和 $\lambda_3=10$.

当 $\lambda_1=\lambda_2=1$ 时，解齐次线性方程组 $(\boldsymbol{E}-\boldsymbol{A})\boldsymbol{x}=\boldsymbol{O}$.

因为

$$\boldsymbol{E}-\boldsymbol{A}=\begin{pmatrix}-1 & -2 & 2\\ -2 & -4 & 4\\ 2 & 4 & -4\end{pmatrix}\to\begin{pmatrix}1 & 2 & -2\\ 0 & 0 & 0\\ 0 & 0 & 0\end{pmatrix}$$

方程组变为 $x_1+2x_2-2x_3=0$.它的一般解为 $x_1=-2x_2+2x_3$，其中 x_2,x_3 都是自由未知量，于是它的一个基础解系为

$$\begin{pmatrix}-2\\ 1\\ 0\end{pmatrix},\ \begin{pmatrix}2\\ 0\\ 1\end{pmatrix}$$

所以 $\boldsymbol{A}$ 对应于 $\lambda_1=\lambda_2=1$ 的全部特征向量是

$$K_1\begin{pmatrix}-2\\ 1\\ 0\end{pmatrix}+K_2\begin{pmatrix}2\\ 0\\ 1\end{pmatrix}\quad（K_1,K_2\text{ 不全为零}）$$

当 $\lambda_3=10$ 时，解齐次线性方程组 $(10\boldsymbol{E}-\boldsymbol{A})\boldsymbol{x}=\boldsymbol{O}$.

$$10\boldsymbol{E}-\boldsymbol{A}=\begin{pmatrix}8 & -2 & 2\\ -2 & 5 & 4\\ 2 & 4 & 5\end{pmatrix}\to\begin{pmatrix}2 & 4 & 5\\ 0 & 9 & 9\\ 0 & -18 & -18\end{pmatrix}\to\begin{pmatrix}2 & 4 & 5\\ 0 & 1 & 1\\ 0 & 0 & 0\end{pmatrix}\to\begin{pmatrix}1 & 0 & \frac{1}{2}\\ 0 & 1 & 1\\ 0 & 0 & 0\end{pmatrix}$$

它的解一般为 $\begin{cases}x_1=-\dfrac{1}{2}x_3\\ x_2=-x_3\end{cases}$，其中 x_3 是自由未知量.

于是它的一个基础解系为 $\begin{pmatrix}1\\ 2\\ -2\end{pmatrix}$，所以 $\boldsymbol{A}$ 对应于 $\lambda_3=10$ 的全部特征向量是 $l\begin{pmatrix}1\\ 2\\ -2\end{pmatrix}$（$l$ 不为零）.

例 4-4　设 λ 是方阵 $\boldsymbol{A}$ 的特征值，证明 λ^2 是 $\boldsymbol{A}^2$ 的特征值.

证明　因为 λ 是方阵 $\boldsymbol{A}$ 的特征值，故有对应的特征向量 $\boldsymbol{P}\neq\boldsymbol{O}$ 使得 $\boldsymbol{AP}=\lambda\boldsymbol{P}$.于是有 $\boldsymbol{A}^2\boldsymbol{P}=\boldsymbol{A}(\boldsymbol{AP})=\boldsymbol{A}(\lambda\boldsymbol{P})=\lambda(\boldsymbol{AP})=\lambda^2\boldsymbol{P}$.

所以 λ^2 是 $\boldsymbol{A}^2$ 的特征值.以此类推，不难证明：若 λ 是 $\boldsymbol{A}$ 的特征值，则 λ^k 是 $\boldsymbol{A}^k$ 的特征值；$\varphi(\lambda)$ 是 $\varphi(\boldsymbol{A})$ 的特征值（其中 $\varphi(\lambda)=a_0+a_1\lambda+\cdots+a_m\lambda^m$，$\varphi(\boldsymbol{A})=a_0\boldsymbol{E}+a_1\boldsymbol{A}+\cdots+a_m\boldsymbol{A}^m$）.

4.2.2 特征值与特征向量的基本性质

定理 1 n 阶方阵 $\boldsymbol{A}$ 与它的转置矩阵 $\boldsymbol{A}^{\mathrm{T}}$ 有相同的特征值.

证明 由于 $(\lambda\boldsymbol{E}-\boldsymbol{A})^{\mathrm{T}}=\lambda\boldsymbol{E}-\boldsymbol{A}^{\mathrm{T}}$，因此 $|\lambda\boldsymbol{E}-\boldsymbol{A}|=\left|(\lambda\boldsymbol{E}-\boldsymbol{A})^{\mathrm{T}}\right|=\left|\lambda\boldsymbol{E}-\boldsymbol{A}^{\mathrm{T}}\right|$，于是 $\boldsymbol{A}$ 与 $\boldsymbol{A}^{\mathrm{T}}$ 有相同的特征多项式，所以 $\boldsymbol{A}$ 与 $\boldsymbol{A}^{\mathrm{T}}$ 有相同的特征值.

定理 2 设 n 阶方阵 $\boldsymbol{A}$ 有互不相等的特征值 $\lambda_1,\lambda_2,\cdots,\lambda_m$，则其对应的特征向量 $\boldsymbol{P}_1,\boldsymbol{P}_1,\cdots,\boldsymbol{P}_m$ 线性无关.

证明略.

我们知道式（4-1）是 n 阶方阵 $\boldsymbol{A}$ 的特征方程，是以 λ 为未知数的一元 n 次方程，$\boldsymbol{A}$ 的特征值就是特征方程的解，特征方程在复数范围内恒有解，其个数为方程的次数（重根按重数计算），因此 n 阶方阵 $\boldsymbol{A}$ 有 n 个特征值.

定理 3 设 n 阶方阵 $\boldsymbol{A}$ 的特征值为 $\lambda_1,\lambda_2,\cdots,\lambda_m$，则有

（1）$\lambda_1+\lambda_2+\cdots+\lambda_n=a_{11}+a_{22}+\cdots+a_{nn}$；

（2）$\lambda_1\lambda_2\cdots\lambda_n=|\boldsymbol{A}|$.

由 n 次代数方程的根与系数的关系，不难证明上述结论，请读者完成.这里，$\boldsymbol{A}$ 的全部特征值的和 $a_{11}+a_{22}+\cdots+a_{nn}$ 称为矩阵 $\boldsymbol{A}$ 的迹，记为 $\mathrm{tr}(\boldsymbol{A})$，即

$$\mathrm{tr}(\boldsymbol{A})=a_{11}+a_{22}+\cdots+a_{nn}$$

习题 4.2

1. 求下列矩阵的特征值和特征向量.

（1）$\begin{pmatrix}3&1\\5&-1\end{pmatrix}$；　（2）$\begin{pmatrix}3&-1\\-1&3\end{pmatrix}$；

（3）$\begin{pmatrix}-2&1&1\\0&2&0\\-4&1&3\end{pmatrix}$；　（4）$\begin{pmatrix}-1&1&0\\-4&3&0\\1&0&2\end{pmatrix}$；

（5）$\begin{pmatrix}a&0&\cdots&0\\0&a&\cdots&0\\\vdots&\vdots&&\vdots\\0&0&\cdots&a\end{pmatrix}$（$n$ 阶数量矩阵）.

2. 设 λ 是方阵 $\boldsymbol{A}$ 的特征值，证明当 $\boldsymbol{A}$ 可逆时，$\dfrac{1}{\lambda}$ 是 $\boldsymbol{A}^{-1}$ 的特征值.

4.3 相似矩阵的概念、性质及应用

本节我们讨论矩阵的相似问题，矩阵 $\boldsymbol{P}^{-1}\boldsymbol{AP}$ 与 $\boldsymbol{A}$ 称为相似.矩阵的相似关系可以用来

简化运算.例如，如果 $B = P^{-1}AP$ ，那么 $B^K = P^{-1}A^KP$ ， $A^K = PB^KP^{-1}$.因此，当 B 比较简单时，可以利用 B^K 来计算 A^K .相似矩阵还可以用来简化线性方程组及微分方程组，另外，相似矩阵还有其他方面的应用.找出与 A 相似的矩阵中最简单的矩阵，这就是求矩阵的标准形问题.

4.3.1　相似矩阵的概念

定义　设 A 、 B 都是 n 阶方阵，若存在可逆矩阵 P ，使 $P^{-1}AP = B$ ，则称 B 是 A 的相似矩阵，并称矩阵 A 与 B 相似，记作 $A \sim B$.

对 A 进行 $P^{-1}AP$ 运算称为对 A 进行相似变换，称可逆矩阵 P 为相似变换矩阵.

例如，因为 $\begin{pmatrix} 1 & 1 \\ 1 & -5 \end{pmatrix}^{-1}\begin{pmatrix} 3 & 1 \\ 5 & -1 \end{pmatrix}\begin{pmatrix} 1 & 1 \\ 1 & -5 \end{pmatrix} = \begin{pmatrix} 5/6 & 1/6 \\ 1/6 & -1/6 \end{pmatrix}\begin{pmatrix} 3 & 1 \\ 5 & -1 \end{pmatrix}\begin{pmatrix} 1 & 1 \\ 1 & -5 \end{pmatrix} =$

$\begin{pmatrix} 1/3 & 2/3 \\ -1/3 & 1/3 \end{pmatrix}\begin{pmatrix} 1 & 1 \\ 1 & 5 \end{pmatrix} = \begin{pmatrix} 4 & 0 \\ 0 & -2 \end{pmatrix}$，所以 $A = \begin{pmatrix} 3 & 1 \\ 5 & -1 \end{pmatrix}$ 与 $B = \begin{pmatrix} 4 & 0 \\ 0 & -2 \end{pmatrix}$ 相似，这里相似变换矩阵 $P = \begin{pmatrix} 1 & 1 \\ 1 & -5 \end{pmatrix}$.

4.3.2　相似矩阵的性质

相似是矩阵之间的一种关系，这种关系具有一些性质.

设 A 、 B 、 C 都是 n 阶方阵，则有以下性质.

定理 1　（1）反身性： $A \sim A$.

（2）对称性：如果 $A \sim B$ ，那么 $B \sim A$.

（3）传递性：如果 $A \sim B$ ， $B \sim C$ ，那么 $A \sim C$.

证明　（1）因为有 n 阶单位矩阵 E ，使 $E^{-1}AE = A$ ，所以 $A \sim A$.

（2）因为如果 $A \sim B$ ，那么有 n 阶可逆矩阵 P ，使得 $P^{-1}AP = B$ ，令 $Q = P^{-1}$ ，则有 $Q^{-1}BQ = A$ ，所以 $B \sim A$.

（3）因为如果 $A \sim B$ ， $B \sim C$ ，那么有 n 阶可逆矩阵 P 和 Q ，使得 $P^{-1}AP = B$ ， $Q^{-1}BQ = C$ ，于是 $Q^{-1}(P^{-1}AP)Q = Q^{-1}P^{-1}APQ = (PQ)^{-1}A(PQ) = C$ ，所以 $A \sim C$.

定理 2　若 n 阶方阵 A 与 B 相似，则 A 与 B 的特征多项式相同，从而 A 与 B 的特征值亦相同.

证明　因为 A 与 B 相似，即有可逆矩阵 P ，使 $P^{-1}AP = B$ 且 $\lambda E = P^{-1}(\lambda E)P$ ，则有

$$\begin{aligned}|\lambda E - B| &= \left|P^{-1}(\lambda E)P - P^{-1}AP\right| \\ &= \left|P^{-1}(\lambda E - A)P\right| = \left|P^{-1}\right|\left|\lambda E - A\right|\left|P\right| = \left|\lambda E - A\right|\left|P^{-1}\right|\left|P\right| = \left|\lambda E - A\right|\end{aligned}$$

即 $\boldsymbol{A}$ 与 $\boldsymbol{B}$ 有相同的特征多项式，从而有相同的特征值.

推论 1 若 n 阶方阵 $\boldsymbol{A}$ 与对角矩阵 $\boldsymbol{\Lambda}=\begin{pmatrix}\lambda_1 & & & \\ & \lambda_2 & & \\ & & \ddots & \\ & & & \lambda_n\end{pmatrix}$ 相似，则 $\lambda_1,\lambda_1,\cdots,\lambda_n$ 是 $\boldsymbol{A}$ 的 n 个特征值.

证明 因为 $\lambda_1,\lambda_2,\cdots,\lambda_n$ 是 $\boldsymbol{\Lambda}$ 的 n 个特征值，由定理 2 知 $\lambda_1,\lambda_2,\cdots,\lambda_n$ 也就是 $\boldsymbol{A}$ 的 n 个特征值.

推论 2 若 n 阶方阵 $\boldsymbol{A}$ 与 $\boldsymbol{B}$ 相似，则它们有相同的迹，即 $\mathrm{tr}(\boldsymbol{A})=\mathrm{tr}(\boldsymbol{B})$.

此外，还比较容易证明下面的结论.

若 $\boldsymbol{A}=\boldsymbol{PBP}^{-1}$，则 $\boldsymbol{A}^K=\boldsymbol{PB}^K\boldsymbol{P}^{-1}$，$\boldsymbol{A}$ 的多项式 $\varphi(\boldsymbol{A})=\boldsymbol{P}\varphi(\boldsymbol{B})\boldsymbol{P}^{-1}$.

特别地，若 $\boldsymbol{P}^{-1}\boldsymbol{AP}=\boldsymbol{\Lambda}$（对角矩阵），则 $\boldsymbol{A}^K=\boldsymbol{P\Lambda}^K\boldsymbol{P}^{-1}$，$\varphi(\boldsymbol{A})=\boldsymbol{P}\varphi(\boldsymbol{\Lambda})\boldsymbol{P}^{-1}$，而

$$\boldsymbol{\Lambda}^k=\begin{bmatrix}\lambda_1^k & & & \\ & \lambda_2^k & & \\ & & \ddots & \\ & & & \lambda_n^k\end{bmatrix},\quad \varphi(\boldsymbol{\Lambda})=\begin{bmatrix}\varphi(\lambda_1) & & & \\ & \varphi(\lambda_2) & & \\ & & \ddots & \\ & & & \varphi(\lambda_n)\end{bmatrix}$$

例 4-5 证明如下结论：

（1）相似矩阵的行列式相等.

（2）相似矩阵具有相同的可逆性，当它们可逆时，它们的逆矩阵也相似.

证明 （1）设 n 阶方阵 $\boldsymbol{A}$ 与 $\boldsymbol{B}$ 相似，则有可逆矩阵 $\boldsymbol{P}$ 使 $\boldsymbol{P}^{-1}\boldsymbol{AP}=\boldsymbol{B}$，两边取行列式 $\det\boldsymbol{P}^{-1}\boldsymbol{AP}=\det\boldsymbol{B}$，$\det\boldsymbol{P}^{-1}\det\boldsymbol{A}\det\boldsymbol{P}=\det\boldsymbol{B}$，即 $\det\boldsymbol{A}=\det\boldsymbol{B}$.

（2）设 n 阶方阵 $\boldsymbol{A}$ 与 $\boldsymbol{B}$ 相似，由（1）知 $|\boldsymbol{A}|=|\boldsymbol{B}|$，因而 $\boldsymbol{A}$ 与 $\boldsymbol{B}$ 具有相同的可逆性，若 $\boldsymbol{A}$ 与 $\boldsymbol{B}$ 相似且都可逆，则存在可逆矩阵 $\boldsymbol{P}$ 使 $\boldsymbol{P}^{-1}\boldsymbol{AP}=\boldsymbol{B}$，于是 $\boldsymbol{B}^{-1}=(\boldsymbol{P}^{-1}\boldsymbol{AP})^{-1}=\boldsymbol{P}^{-1}\boldsymbol{A}^{-1}(\boldsymbol{P}^{-1})^{-1}=\boldsymbol{P}^{-1}\boldsymbol{A}^{-1}\boldsymbol{P}$，所以 $\boldsymbol{A}^{-1}$ 与 $\boldsymbol{B}^{-1}$ 相似.

例 4-6 设 $\boldsymbol{A}=\begin{pmatrix}1 & a & 1\\ a & 1 & b\\ 1 & b & 1\end{pmatrix}$ 与 $\boldsymbol{B}=\begin{pmatrix}0 & 0 & 0\\ 0 & 1 & 0\\ 0 & 0 & 2\end{pmatrix}$ 相似，求 a、b.

解法一 因为 $\boldsymbol{A}$ 与 $\boldsymbol{B}$ 相似，其特征多项式必相等，所以 $|\lambda\boldsymbol{E}-\boldsymbol{A}|=|\lambda\boldsymbol{E}-\boldsymbol{B}|$，即

$$\begin{vmatrix}\lambda-1 & -a & -1\\ -a & \lambda-1 & -b\\ -1 & -b & \lambda-1\end{vmatrix}=\begin{vmatrix}\lambda & 0 & 0\\ 0 & \lambda-1 & 0\\ 0 & 0 & \lambda-2\end{vmatrix}$$

$$(\lambda-1)^3-ab-ab-(\lambda-1)-a^2(\lambda-1)-b^2(\lambda-1)=\lambda(\lambda-1)(\lambda-2)$$

$$\lambda^3-3\lambda^2+(2-a^2-b^2)\lambda+(a-b)^2=\lambda^3-3\lambda^2+2\lambda$$

比较对应项系数得，$(2-a^2-b^2)=2$，$(a-b)^2=0$.

解得 $a=b=0$.

解法二　因 $\boldsymbol{A}$ 与 $\boldsymbol{B}$ 相似，因而 $\boldsymbol{B}$ 的特征值 0,1,2 均为 $\boldsymbol{A}$ 的特征值.由

$$|0\boldsymbol{E}-\boldsymbol{A}|=\begin{vmatrix}-1 & -a & -1\\ -a & 1 & -b\\ -1 & -b & -1\end{vmatrix}=\begin{vmatrix}-1 & -a & -1\\ -a & -1 & -b\\ 0 & a-b & 0\end{vmatrix}=(a-b)(-1)\begin{vmatrix}-1 & -1\\ -a & -b\end{vmatrix}=(a-b)(a-b)=(a-b)^2=0$$

得

$$a=b$$

由

$$|1\boldsymbol{E}-\boldsymbol{A}|=\begin{vmatrix}0 & -a & -1\\ -a & 0 & -b\\ -1 & -b & 0\end{vmatrix}=-2ab=0$$

得

$$ab=0$$

由

$$|2\boldsymbol{E}-\boldsymbol{A}|=\begin{vmatrix}1 & -a & -1\\ -a & 1 & -b\\ -1 & -b & 1\end{vmatrix}=\begin{vmatrix}1 & -a & -1\\ -a & 1 & -b\\ 0 & -(a+b) & 0\end{vmatrix}$$

$$=-(a+b)(-1)\begin{vmatrix}1 & -a\\ -a & -b\end{vmatrix}=-(a+b)(-1)\left[-(a+b)\right]=-(a+b)^2=0$$

得

$$a=-b$$

由以上三式中任意两式均可求得 $a=b=0$.

4.3.3　矩阵与对角矩阵相似的条件

下面我们研究的问题是，对 n 阶方阵 $\boldsymbol{A}$，寻求相似变换矩阵 $\boldsymbol{P}$，使 $\boldsymbol{P}^{-1}\boldsymbol{AP}=\boldsymbol{\Lambda}$，即使得 $\boldsymbol{A}$ 对角化.

（1）$\boldsymbol{P}$ 应满足以下关系.

若 $\boldsymbol{P}$ 为列向量，即 $\boldsymbol{P}=(P_1,P_2,\cdots,P_n)$，由 $\boldsymbol{P}^{-1}\boldsymbol{AP}=\boldsymbol{\Lambda}$ 得 $\boldsymbol{AP}=\boldsymbol{P\Lambda}$，即

$$\boldsymbol{A}(P_1,P_2,\cdots,P_n)=(P_1,P_2,\cdots,P_n)\begin{pmatrix}\lambda_1 & & & \\ & \lambda_2 & & \\ & & \ddots & \\ & & & \lambda_n\end{pmatrix}=(\lambda_1P_1,\lambda_2P_2,\cdots,\lambda_nP_n)$$

于是有

$$\boldsymbol{AP}_i=\lambda_i\boldsymbol{P}_i$$

由此可见，λ_i 是 $\boldsymbol{A}$ 的特征值，对应于 λ_i 的特征向量就是 $\boldsymbol{P}$ 的第 i 列列向量.

（2）$\boldsymbol{P}$ 应该可逆，即 $P_1, P_2, \cdots, P_n$ 应该线性无关.由此，我们可以得到定理 3.

定理 3　n 阶方阵 $\boldsymbol{A}$ 与对角矩阵 $\boldsymbol{\Lambda}=\begin{pmatrix}\lambda_1 & & & \\ & \lambda_2 & & \\ & & \ddots & \\ & & & \lambda_n\end{pmatrix}$ 相似的充分必要条件是矩阵 $\boldsymbol{A}$ 有 n 个线性无关的特征向量.

由 4.2.2 节定理 2 与本节定理 3，容易得到推论 3.

推论 3　若 n 阶方阵 $\boldsymbol{A}$ 有 n 个互异的特征值 $\lambda_1, \lambda_2, \cdots, \lambda_n$，则 $\boldsymbol{A}$ 与对角矩阵 $\boldsymbol{\Lambda}=\begin{pmatrix}\lambda_1 & & & \\ & \lambda_2 & & \\ & & \ddots & \\ & & & \lambda_n\end{pmatrix}$ 相似.

例 4-7　设 2 阶方阵 $\boldsymbol{A}=\begin{pmatrix}1 & 2\\ 2 & 1\end{pmatrix}$，求一可逆矩阵 $\boldsymbol{P}$，使 $\boldsymbol{P}^{-1}\boldsymbol{AP}=\begin{pmatrix}-1 & 0\\ 0 & 3\end{pmatrix}$.

解　因为 $\boldsymbol{P}^{-1}\boldsymbol{AP}=\begin{pmatrix}-1 & 0\\ 0 & 3\end{pmatrix}=\boldsymbol{B}$，所以 $\boldsymbol{A}=\begin{pmatrix}1 & 2\\ 2 & 1\end{pmatrix}$ 与 $\boldsymbol{B}=\begin{pmatrix}-1 & 0\\ 0 & 3\end{pmatrix}$ 相似，因而 $\begin{pmatrix}-1 & 0\\ 0 & 3\end{pmatrix}$ 的两个特征值 -1 和 3 均为 $\boldsymbol{A}$ 的特征值.

解方程组

$$(-1\boldsymbol{E}-\boldsymbol{A})\boldsymbol{x}=\boldsymbol{O}$$

$$\begin{pmatrix}-2 & -2\\ -2 & -2\end{pmatrix}\begin{pmatrix}x_1\\ x_2\end{pmatrix}=\begin{pmatrix}0\\ 0\end{pmatrix}$$

$$\begin{pmatrix}1 & 1\\ 0 & 0\end{pmatrix}\begin{pmatrix}x_1\\ x_2\end{pmatrix}=\begin{pmatrix}0\\ 0\end{pmatrix}$$

得

$$x_1=-x_2$$

对应于 $\lambda_1=-1$ 的特征向量 $\boldsymbol{P}_1=\begin{pmatrix}-1\\ 1\end{pmatrix}$.

再解方程组

$$(3\boldsymbol{E}-\boldsymbol{A})\boldsymbol{x}=\boldsymbol{O}$$

$$\begin{pmatrix}2 & -2\\ -2 & 2\end{pmatrix}\begin{pmatrix}x_1\\ x_2\end{pmatrix}=\begin{pmatrix}0\\ 0\end{pmatrix}$$

$$\begin{pmatrix}1 & -1\\ 0 & 0\end{pmatrix}\begin{pmatrix}x_1\\ x_2\end{pmatrix}=\begin{pmatrix}0\\ 0\end{pmatrix}$$

得

$$x_1 = x_2$$

对应于 $\lambda_2 = 3$ 的特征向量 $\boldsymbol{P}_2 = \begin{pmatrix} 1 \\ 1 \end{pmatrix}$.

令 $\boldsymbol{P} = (\boldsymbol{P}_1, \boldsymbol{P}_2) = \begin{pmatrix} -1 & 1 \\ 1 & 1 \end{pmatrix}$，则 $\boldsymbol{P}$ 即所求，因为 $\boldsymbol{P}$ 为可逆矩阵，$\boldsymbol{P}^{-1} = \begin{pmatrix} -\frac{1}{2} & \frac{1}{2} \\ \frac{1}{2} & \frac{1}{2} \end{pmatrix}$，且经验算满足 $\boldsymbol{P}^{-1}\boldsymbol{AP} = \mathrm{diag}(-1,3)$，解毕.

当 $\boldsymbol{A}$ 的特征方程有重根时，就不一定有 n 个线性无关的特征向量，从而不一定能对角化.

习题 4.3

1. 设矩阵 $\boldsymbol{A} = \begin{pmatrix} 1 & -2 & -4 \\ -2 & x & -2 \\ -4 & -2 & 1 \end{pmatrix}$ 与 $\boldsymbol{\Lambda} = \begin{pmatrix} 5 & & \\ & y & \\ & & -4 \end{pmatrix}$ 相似，求 x 和 y.
2. 设 $\boldsymbol{A}$、$\boldsymbol{B}$ 都是 n 阶方阵，且 $|\boldsymbol{A}| \neq 0$，证明 $\boldsymbol{AB}$ 与 $\boldsymbol{BA}$ 相似.
3. 设 3 阶方阵 $\boldsymbol{A}$ 的特征值为 $\lambda_1 = 1$，$\lambda_2 = 0$，$\lambda_3 = -1$，对应的特征向量依次为 $\boldsymbol{P}_1 = \begin{pmatrix} 1 \\ 2 \\ 1 \end{pmatrix}$，$\boldsymbol{P}_2 = \begin{pmatrix} 2 \\ -2 \\ 1 \end{pmatrix}$，$\boldsymbol{P}_3 = \begin{pmatrix} -2 \\ -1 \\ 2 \end{pmatrix}$，求 $\boldsymbol{A}$.

4.4　实对称矩阵的性质与对角化

在 4.3 节，我们曾提出，一个 n 阶方阵具备什么条件才能对角化？这是一个较为复杂的问题，对此不进行一般性讨论.本节仅讨论当 $\boldsymbol{A}$ 为实对称矩阵时的情形，且实对称矩阵具有一些特殊的性质.

4.4.1　实对称矩阵的性质

定理 1　实对称矩阵的特征值为实数.

证明　对实对称矩阵 $\boldsymbol{A}$，因其特征值 λ_i 都为实数，故方程组

$$(\boldsymbol{A} - \lambda_i \boldsymbol{E})\boldsymbol{x} = \boldsymbol{O}$$

是实系数方程组，由 $|\boldsymbol{A} - \lambda_i \boldsymbol{E}| = 0$ 知，该方程组必有实基础解系，所以 $\boldsymbol{A}$ 的特征向量可以取实向量.

定理 2　设 λ_1、λ_2 是实对称矩阵 $\boldsymbol{A}$ 的两个特征值，$\boldsymbol{p}_1$、$\boldsymbol{p}_2$ 是对应的特征向量，若

$\lambda_1 \neq \lambda_2$，则 $\boldsymbol{p}_1$ 与 $\boldsymbol{p}_2$ 正交.

证明　由题意知 $\lambda_1\boldsymbol{p}_1 = \boldsymbol{A}\boldsymbol{p}_1$，$\lambda_2\boldsymbol{p}_2 = \boldsymbol{A}\boldsymbol{p}_2$，$\lambda_1 \neq \lambda_2$，因为 $\boldsymbol{A}$ 对称，所以

$$\lambda_1\boldsymbol{p}_1^{\mathrm{T}} = (\lambda_1\boldsymbol{p}_1)^{\mathrm{T}} = (\boldsymbol{A}\boldsymbol{p}_1)^{\mathrm{T}} = \boldsymbol{p}_1^{\mathrm{T}}\boldsymbol{A}^{\mathrm{T}} = \boldsymbol{p}_1^{\mathrm{T}}\boldsymbol{A}$$

于是 $\lambda_1\boldsymbol{p}_1^{\mathrm{T}}\boldsymbol{p}_2 = \boldsymbol{p}_1^{\mathrm{T}}\boldsymbol{A}\boldsymbol{p}_2 = \boldsymbol{p}_1^{\mathrm{T}}(\lambda_2\boldsymbol{p}_2) = \lambda_2\boldsymbol{p}_1^{\mathrm{T}}\boldsymbol{p}_2$，即 $(\lambda_1 - \lambda_2)\boldsymbol{p}_1^{\mathrm{T}}\boldsymbol{p}_2 = 0$，但 $\lambda_1 \neq \lambda_2$，所以 $\boldsymbol{p}_1^{\mathrm{T}}\boldsymbol{p}_2=0$，即 $\boldsymbol{p}_1$ 与 $\boldsymbol{p}_2$ 正交.

定理 3　设 $\boldsymbol{A}$ 为 n 阶实对称矩阵，λ 是 $\boldsymbol{A}$ 的特征方程的 r 重根，则矩阵 $\boldsymbol{A}-\lambda\boldsymbol{E}$ 的秩 $R(\boldsymbol{A}-\lambda\boldsymbol{E}) = n-r$，从而对应特征值 λ 恰有 r 个线性无关的特征向量.

该定理的证明略.

4.4.2　实对称矩阵的对角化

定理 4　设 $\boldsymbol{A}$ 为 n 阶实对称矩阵，则必有正交矩阵 $\boldsymbol{P}$，使 $\boldsymbol{P}^{-1}\boldsymbol{A}\boldsymbol{P} = \boldsymbol{\Lambda}$，其中 $\boldsymbol{\Lambda}$ 是以 $\boldsymbol{A}$ 的 n 个特征值为对角元素的对角矩阵.

证明　设 $\boldsymbol{A}$ 的互不相等的特征值为 $\lambda_1, \lambda_2, \cdots, \lambda_t$，它们的重数依次为 $r_1, r_2, \cdots, r_t$（$r_1+r_2+\cdots+r_t=n$），根据定理 1 与定理 3 知，对应特征值 λ_i（$i=1,2,\cdots,t$）恰有 r_i 个线性无关的实特征向量，把它们正交化并且单位化，由 $r_1+r_2+\cdots+r_t=n$ 知共有 n 个这样的特征向量.

由定理 2 知，对应于不同特征值的特征向量正交，所以这 n 个单位特征向量两两正交，于是以它们为列向量构成正交矩阵 $\boldsymbol{P}$.

因为

$$\begin{aligned}
\boldsymbol{A}\boldsymbol{P} &= \boldsymbol{A}(\boldsymbol{p}_1, \boldsymbol{p}_2, \cdots, \boldsymbol{p}_n) \\
&= (\boldsymbol{A}\boldsymbol{p}_1, \boldsymbol{A}\boldsymbol{p}_2, \cdots, \boldsymbol{A}\boldsymbol{p}_n) \\
&= (\lambda_1\boldsymbol{p}_1, \lambda_2\boldsymbol{p}_2, \cdots, \lambda_n\boldsymbol{p}_n) \\
&= (\boldsymbol{p}_1, \boldsymbol{p}_2, \cdots, \boldsymbol{p}_n)\begin{bmatrix} \lambda_1 & & & \\ & \lambda_2 & & \\ & & \ddots & \\ & & & \lambda_n \end{bmatrix} = \boldsymbol{P}\boldsymbol{\Lambda}
\end{aligned}$$

所以

$$\boldsymbol{P}^{-1}\boldsymbol{A}\boldsymbol{P} = \boldsymbol{P}^{-1}\boldsymbol{P}\boldsymbol{\Lambda} = \boldsymbol{E}\boldsymbol{\Lambda} = \boldsymbol{\Lambda}$$

其中对角矩阵 $\boldsymbol{\Lambda}$ 的对角元素 r_1 个 λ_1，r_2 个 λ_2，$\cdots$，r_t 个 λ_t 恰是 $\boldsymbol{A}$ 的特征值.

根据上述结论，设 $\boldsymbol{A}$ 为实对称矩阵，求正交矩阵 $\boldsymbol{P}$，使 $\boldsymbol{P}^{-1}\boldsymbol{A}\boldsymbol{P} = \boldsymbol{\Lambda}$ 对角化，其步骤如下.

（1）求 $\boldsymbol{A}$ 的全部特征值，即求 $|\lambda\boldsymbol{E}-\boldsymbol{A}|=0$ 的全部根 $\lambda_1, \lambda_2, \cdots, \lambda_t$.

（2）对每个特征值 λ_i（$i=1,2,\cdots,t$），解方程组 $(\lambda_i\boldsymbol{E}-\boldsymbol{A})\boldsymbol{x}=\boldsymbol{O}$，求出基础解系（特征向量）；将基础解系（特征向量）正交化，再单位化.

（3）把这些正交单位向量作为列向量构成一个正交矩阵 $\boldsymbol{P}$，使 $\boldsymbol{P}^{-1}\boldsymbol{A}\boldsymbol{P} = \boldsymbol{\Lambda}$.

这里，$\boldsymbol{P}$ 中列向量的顺序与 $\boldsymbol{\Lambda}$ 对角线上特征值的顺序对应.

例 4-8　已知实对称矩阵 $\boldsymbol{A}=\begin{pmatrix}1 & 2\\ 2 & 1\end{pmatrix}$，求正交矩阵 $\boldsymbol{P}$，使 $\boldsymbol{P}^{-1}\boldsymbol{AP}$ 为对角矩阵.

解　因 $\boldsymbol{A}$ 为实对称矩阵，故 $\boldsymbol{A}$ 可对角化，因此先求可逆矩阵 $\boldsymbol{P}$，使 $\boldsymbol{P}^{-1}\boldsymbol{AP}=\boldsymbol{\Lambda}$ 对角化，为此由

$$|\lambda\boldsymbol{E}-\boldsymbol{A}|=\begin{vmatrix}\lambda-1 & -2\\ -2 & \lambda-1\end{vmatrix}=(\lambda-1)^2-4=(\lambda-1+2)(\lambda-1-2)=(\lambda+1)(\lambda-3)$$

得，特征值 $\lambda_1=-1$，$\lambda_2=3$.

对应 $\lambda_1=-1$，由 $-\boldsymbol{E}-\boldsymbol{A}=\begin{pmatrix}-2 & -2\\ -2 & -2\end{pmatrix}\to\begin{pmatrix}1 & 1\\ 0 & 0\end{pmatrix}$，得 $\boldsymbol{p}_1=\begin{pmatrix}1\\ -1\end{pmatrix}$.

对应 $\lambda_2=3$，由 $3\boldsymbol{E}-\boldsymbol{A}=\begin{pmatrix}2 & -2\\ -2 & 2\end{pmatrix}\to\begin{pmatrix}1 & -1\\ 0 & 0\end{pmatrix}$，得 $\boldsymbol{p}_2=\begin{pmatrix}1\\ 1\end{pmatrix}$，并得到 $\boldsymbol{P}=\begin{pmatrix}1 & 1\\ -1 & 1\end{pmatrix}$，再求出

$$\boldsymbol{P}^{-1}=\frac{1}{2}\begin{pmatrix}1 & -1\\ 1 & 1\end{pmatrix}$$

于是

$$\boldsymbol{P}^{-1}\boldsymbol{AP}=\boldsymbol{\Lambda}=\begin{pmatrix}-1 & \\ & 3\end{pmatrix}$$

例 4-9　设实对称矩阵 $\boldsymbol{A}=\begin{pmatrix}0 & 1 & 1 & -1\\ 1 & 0 & -1 & 1\\ 1 & -1 & 0 & 1\\ -1 & 1 & 1 & 0\end{pmatrix}$，求正交矩阵 $\boldsymbol{P}$，使 $\boldsymbol{P}^{-1}\boldsymbol{AP}$ 为对角矩阵.

解　（1）求 $|\lambda\boldsymbol{E}-\boldsymbol{A}|=0$ 的全部根.

因为

$$|\lambda\boldsymbol{E}-\boldsymbol{A}|=\begin{vmatrix}\lambda & -1 & -1 & 1\\ -1 & \lambda & 1 & -1\\ -1 & 1 & \lambda & -1\\ 1 & -1 & -1 & \lambda\end{vmatrix}=\begin{vmatrix}\lambda-1 & -1 & -1 & 1\\ \lambda-1 & \lambda & 1 & -1\\ \lambda-1 & 1 & \lambda & -1\\ \lambda-1 & -1 & -1 & \lambda\end{vmatrix}$$

$$=(\lambda-1)\begin{vmatrix}1 & -1 & -1 & 1\\ 1 & \lambda & 1 & -1\\ 1 & 1 & \lambda & -1\\ 1 & -1 & -1 & \lambda\end{vmatrix}$$

$$=(\lambda-1)\begin{vmatrix}1 & -1 & -1 & 1\\ 0 & \lambda+1 & 2 & -2\\ 0 & 2 & \lambda+1 & -2\\ 0 & 0 & 0 & \lambda-1\end{vmatrix}$$

$$=(\lambda-1)(\lambda-1)\left[(\lambda+1)^2-4\right]$$
$$=(\lambda-1)^2(\lambda^2+2\lambda-3)$$
$$=(\lambda-1)^3(\lambda+3)$$

所以，$\boldsymbol{A}$ 的特征值 $\lambda_1=1$（三重），$\lambda_2=-3$.

（2）先求 $\lambda_1=1$（三重）的特征向量，解方程组 $(1\boldsymbol{E}-\boldsymbol{A})\boldsymbol{x}=\boldsymbol{O}$.

因为

$$(1\boldsymbol{E}-\boldsymbol{A})=\begin{pmatrix}1&-1&-1&1\\-1&1&1&-1\\-1&1&1&-1\\1&-1&-1&1\end{pmatrix}\to\begin{pmatrix}1&-1&-1&1\\0&0&0&0\\0&0&0&0\\0&0&0&0\end{pmatrix}$$

它的一般解为 $x_1=x_2+x_3-x_4$，其中 x_2,x_3,x_4 是自由未知量，于是求得一个基础解系

$$\boldsymbol{\alpha}_1=\begin{pmatrix}1\\1\\0\\0\end{pmatrix},\ \boldsymbol{\alpha}_2=\begin{pmatrix}1\\0\\1\\0\end{pmatrix},\ \boldsymbol{\alpha}_3=\begin{pmatrix}-1\\0\\0\\1\end{pmatrix}$$

把它们正交化，即

$$\boldsymbol{\beta}_1=\boldsymbol{\alpha}_1=\begin{pmatrix}1\\1\\0\\0\end{pmatrix}$$

$$\boldsymbol{\beta}_2=\boldsymbol{\alpha}_2-\frac{[\boldsymbol{\alpha}_2,\boldsymbol{\beta}_1]}{[\boldsymbol{\beta}_1,\boldsymbol{\beta}_1]}\boldsymbol{\beta}_1=\begin{pmatrix}1\\0\\1\\0\end{pmatrix}-\frac{1}{2}\begin{pmatrix}1\\1\\0\\0\end{pmatrix}=\begin{pmatrix}\frac{1}{2}\\-\frac{1}{2}\\1\\0\end{pmatrix}$$

$$\boldsymbol{\beta}_3=\boldsymbol{\alpha}_3-\frac{[\boldsymbol{\alpha}_3,\boldsymbol{\beta}_2]}{[\boldsymbol{\beta}_2,\boldsymbol{\beta}_2]}\boldsymbol{\beta}_2-\frac{[\boldsymbol{\alpha}_3,\boldsymbol{\beta}_1]}{[\boldsymbol{\beta}_1,\boldsymbol{\beta}_1]}\boldsymbol{\beta}_1$$
$$=\boldsymbol{\alpha}_3-\frac{-1/2}{3/2}\boldsymbol{\beta}_2-\frac{-1}{2}\boldsymbol{\beta}_1$$
$$=\begin{pmatrix}-1\\0\\0\\1\end{pmatrix}+\frac{1}{3}\begin{pmatrix}\frac{1}{2}\\-\frac{1}{2}\\1\\0\end{pmatrix}+\frac{1}{2}\begin{pmatrix}1\\1\\0\\0\end{pmatrix}=\begin{pmatrix}-\frac{1}{3}\\\frac{1}{3}\\\frac{1}{3}\\1\end{pmatrix}$$

再单位化，即

$$\boldsymbol{\eta}_1=\frac{\boldsymbol{\beta}_1}{\|\boldsymbol{\beta}_1\|}=\begin{pmatrix}\sqrt{2}/2\\\sqrt{2}/2\\0\\0\end{pmatrix},\ \boldsymbol{\eta}_2=\frac{\boldsymbol{\beta}_2}{\|\boldsymbol{\beta}_2\|}=\begin{pmatrix}\sqrt{6}/6\\-\sqrt{6}/6\\\sqrt{6}/3\\0\end{pmatrix},\ \boldsymbol{\eta}_3=\frac{\boldsymbol{\beta}_3}{\|\boldsymbol{\beta}_3\|}=\begin{pmatrix}-\sqrt{3}/6\\\sqrt{3}/6\\\sqrt{3}/6\\\sqrt{3}/2\end{pmatrix}$$

再对 $\lambda_2=-3$，解方程组 $(-3\boldsymbol{E}-\boldsymbol{A})\boldsymbol{x}=\boldsymbol{O}$.

$$(-3\boldsymbol{E}-\boldsymbol{A})=\begin{pmatrix}-3&-1&-1&1\\-1&-3&1&-1\\-1&1&-3&-1\\1&-1&-1&-3\end{pmatrix}\to\begin{pmatrix}1&-1&-1&-3\\-1&-3&1&-1\\-1&1&-3&-1\\-3&-1&-1&1\end{pmatrix}\to\begin{pmatrix}1&-1&-1&-3\\0&-4&0&-4\\0&0&-4&-4\\-2&-2&-2&-2\end{pmatrix}\to$$

$$\begin{pmatrix}1&-1&-1&-3\\0&1&0&1\\0&0&1&1\\1&1&1&1\end{pmatrix}\to\begin{pmatrix}1&-1&-1&-3\\0&1&0&1\\0&0&1&1\\0&2&2&4\end{pmatrix}\to\begin{pmatrix}1&0&-1&-2\\0&1&0&1\\0&0&1&1\\0&0&2&2\end{pmatrix}\to\begin{pmatrix}1&0&0&-1\\0&1&0&1\\0&0&1&1\\0&0&0&0\end{pmatrix}$$

它的一般解为 $\begin{cases}x_1=x_4\\x_2=-x_4\\x_3=-x_4\end{cases}$，其中 x_4 是自由未知量，于是求得一个基础解系

$$\boldsymbol{\alpha}_4=\begin{pmatrix}1\\-1\\-1\\1\end{pmatrix}$$

这里只有一个向量，因此不要正交化，只要单位化，得

$$\boldsymbol{\eta}_4=\frac{\boldsymbol{\alpha}_4}{\|\boldsymbol{\alpha}_4\|}=\begin{pmatrix}\frac{1}{2}\\-\frac{1}{2}\\-\frac{1}{2}\\\frac{1}{2}\end{pmatrix}$$

（3）以正交单位向量组 $\boldsymbol{\eta}_1,\boldsymbol{\eta}_2,\boldsymbol{\eta}_3,\boldsymbol{\eta}_4$ 为列向量组的矩阵 $\boldsymbol{P}$ 就是所求的正交矩阵：

$$\boldsymbol{P}=\begin{pmatrix}\sqrt{2}/2&\sqrt{6}/6&-\sqrt{3}/6&1/2\\\sqrt{2}/2&-\sqrt{6}/6&\sqrt{3}/6&-1/2\\0&\sqrt{6}/3&\sqrt{3}/6&-1/2\\0&0&\sqrt{3}/2&1/2\end{pmatrix}$$

$$\boldsymbol{P}^{-1}=\begin{pmatrix}\sqrt{2}/2&\sqrt{2}/2&0&0\\\sqrt{6}/6&-\sqrt{6}/6&\sqrt{6}/3&0\\-\sqrt{3}/6&\sqrt{3}/6&\sqrt{3}/6&\sqrt{3}/2\\1/2&-1/2&-1/2&1/2\end{pmatrix}$$

$$P^{-1}AP=\begin{pmatrix}1&0&0&0\\0&1&0&0\\0&0&1&0\\0&0&0&-3\end{pmatrix}$$

习题 4.4

1. 设实对称矩阵 $A=\begin{pmatrix}1&-2&0\\-2&2&-2\\0&-2&3\end{pmatrix}$，求正交矩阵 P，使 $P^{-1}AP$ 为对角矩阵.

2. 设实对称矩阵 $A=\begin{pmatrix}4&0&0\\0&3&1\\0&1&3\end{pmatrix}$，求正交矩阵 P，使 $P^{-1}AP$ 为对角矩阵.

3. 已知 $A=\begin{pmatrix}2&0&0\\0&a&2\\0&2&a\end{pmatrix}$（其中 $a>0$）有一特征值为 1，求正交矩阵 P，使 $P^{-1}AP$ 为对角矩阵.

4. 设 $A=\begin{pmatrix}4&0&0\\0&3&1\\0&1&3\end{pmatrix}$，求一个正交矩阵 P，使 $P^{-1}AP=\Lambda$ 为对角矩阵.

5. 设 $A=\begin{pmatrix}2&-1&-1&1\\-1&2&1&-1\\-1&1&2&-1\\1&-1&-1&2\end{pmatrix}$，求正交矩阵 P，使 $P^{-1}AP$ 为对角矩阵.

6. 设 $A=\begin{pmatrix}2&-1\\-1&2\end{pmatrix}$，求 A^n.

7. 设 $A=\begin{pmatrix}2&1&2\\1&2&2\\2&2&1\end{pmatrix}$，求 $\varphi(A)=A^{10}-6A^9+5A^8$.

复习题 4

1. 求矩阵 $A=\begin{pmatrix}-1&0&2\\1&2&-1\\1&3&0\end{pmatrix}$ 的特征值与特征向量.

2. 求矩阵 $A=\begin{pmatrix}2&3&4\\3&4&5\\4&5&6\end{pmatrix}$ 的特征值.

3. 求方阵 $\boldsymbol{M}=\begin{pmatrix}1 & 2 & 3\\ 2 & 1 & 3\\ 3 & 3 & 6\end{pmatrix}$ 的特征值与特征向量.

4. 已知 2 是方阵 $\boldsymbol{A}=\begin{pmatrix}3 & 0 & 0\\ 1 & t & 3\\ 1 & 2 & 3\end{pmatrix}$ 的特征值，求 t.

5. 已知 $\boldsymbol{x}=(1,1,-1)$ 是方阵 $\boldsymbol{A}=\begin{pmatrix}2 & -1 & 2\\ 5 & a & 3\\ -1 & b & -2\end{pmatrix}$ 的一个特征向量，求参数 a、b 及特征向量 $\boldsymbol{x}$ 所属的特征值.

6. 设矩阵 $\boldsymbol{A}=\begin{pmatrix}4 & 1 & 1\\ 2 & 2 & 2\\ 2 & 2 & 2\end{pmatrix}$，求一可逆矩阵 $\boldsymbol{P}$，使 $\boldsymbol{P}^{-1}\boldsymbol{AP}$ 为对角矩阵.

7. 方阵 $\boldsymbol{A}=\begin{pmatrix}1 & 0\\ 2 & 1\end{pmatrix}$ 是否与对角矩阵相似？

8. 已知方阵 $\boldsymbol{A}=\begin{pmatrix}-2 & 0 & 0\\ 2 & x & 2\\ 3 & 1 & 1\end{pmatrix}$ 与 $\boldsymbol{B}=\begin{pmatrix}-1 & 0 & 0\\ 0 & 2 & 0\\ 0 & 0 & y\end{pmatrix}$ 相似，求 x 和 y.

9. 设实对称矩阵 $\boldsymbol{A}=\begin{pmatrix}0 & 1 & 1 & 0\\ 1 & 0 & 1 & 0\\ 1 & 1 & 0 & 0\\ 0 & 0 & 0 & 2\end{pmatrix}$，求一个正交矩阵 $\boldsymbol{P}$，使 $\boldsymbol{P}^{-1}\boldsymbol{AP}$ 为对角矩阵.

本章知识精要

（1）向量内积的运算.
（2）求方阵的特征值和特征向量.
（3）对向量组施行正交单位化.
（4）求方阵 $\boldsymbol{A}$ 的相似变换矩阵 $\boldsymbol{S}$.

附录 A 数学实验指导

实验 1 行列式与矩阵

一、实验目的

掌握矩阵的输入方法，会利用 Mathematica（4.0 以上版本）对矩阵进行转置、加、减、数乘、乘法、乘方等运算，以及求矩阵的逆矩阵和计算方阵的行列式.

二、基本命令

在 Mathematica 中，向量和矩阵是以表的形式给出的.

（1）表在形式上是用大括号括起来的若干表达式，表达式之间用逗号隔开.

例如，输入

```
{2,4,8,16} {x, x+1, y, Sqrt[2]}
```

表示输入两个向量.

（2）表的生成函数.

① 最简单的数值表生成函数 Range，其命令格式如下.

```
Range [正整数 n] ---------生成表{1,2,3,4, …, n};
Range [m, n] ---------生成表{m, …, n};
Range [m, n, dx] ---------生成表{m, …, n}, 步长为 dx.
```

② 通用表的生成函数 Table.

例如，输入命令

```
Table [n^3, {n, 1, 20, 2}]
```

则输出

```
{1, 27, 125, 343, 729, 1331, 2197, 3375, 4913, 6859}
```

又如，输入

```
Table [x*y, {x, 3}, {y, 3}]
```

则输出

```
{{1, 2, 3}, {2, 4, 6}, {3, 6, 9}}
```

(3) 表作为向量和矩阵.

在线性代数中，一层表表示向量，二层表表示矩阵.例如，矩阵

$$\begin{pmatrix}1 & 2\\3 & 4\end{pmatrix}$$

可以用数表{{1,2},{3,4}}表示.

例如，输入

```
A={{1,2},{3,4}}
```

则输出

```
{{1,2},{3,4}}
```

命令 MatrixForm [A] 把矩阵 A 显示成通常的矩阵形式.

例如，输入命令

```
MatrixForm [A]
```

则输出

$$\begin{pmatrix}1 & 2\\3 & 4\end{pmatrix}$$

注：一般情况下，MatrixForm [A] 所代表的矩阵 A 不能参与运算.

下面是一个生成抽象矩阵的例子.

例如，输入

```
Table [a [i, j] , {i, 4}, {j, 3}]
MatrixForm [%]
```

则输出

$$\begin{pmatrix}a[1,1] & a[1,2] & a[1,3]\\a[2,1] & a[2,2] & a[2,3]\\a[3,1] & a[3,2] & a[3,3]\\a[4,1] & a[4,2] & a[4,3]\end{pmatrix}$$

这个矩阵也可用命令 Array 生成，如输入

```
Array [a, {4, 3}] // MatrixForm
```

则输出与上述命令相同.

(4) 命令 IdentityMatrix [n] 可生成 n 阶单位矩阵.

例如，输入

```
IdentityMatrix [n]
```

则输出一个五阶单位矩阵（输出略）.

(5) 命令 DiagonaMatrix [⋯] 可生成 n 阶对角矩阵.

例如，输入

```
DiagonaMatrix [{b [1] , b [2] , b [3] }]
```

则输出

```
{{b[1], 0, 0}, {0, b[2], 0}, {0, 0, b[3]}}
```

它是一个以 b[1]、b[2]、b[3] 为主对角线元素的三阶对角矩阵.

(6) 矩阵的线性运算：A+B 表示矩阵 $\boldsymbol{A}$ 与 $\boldsymbol{B}$ 的加法；k*A 表示数 k 与矩阵 $\boldsymbol{A}$ 的乘法；A.B 或 Dot [A, B] 表示矩阵 $\boldsymbol{A}$ 与 $\boldsymbol{B}$ 的乘法.

(7) 求矩阵 $\boldsymbol{A}$ 的转置的命令：Transpose [A].

(8) 求方阵 $\boldsymbol{A}$ 的 n 次幂的命令：MatrixPower [A, n].

(9) 求方阵 $\boldsymbol{A}$ 的逆的命令：Inverse [A].

(10) 求向量或方阵 $\boldsymbol{a}$ 与 $\boldsymbol{b}$ 的内积的命令：Dot [a, b].

三、实验举例

1. 矩阵的运算

例 1 设 $\boldsymbol{A}=\begin{pmatrix}-1 & 1 & 1\\ 1 & -1 & 1\\ 1 & 2 & 3\end{pmatrix}$，$\boldsymbol{B}=\begin{pmatrix}3 & 2 & 1\\ 0 & 4 & 1\\ -1 & 2 & -4\end{pmatrix}$，求 $3\boldsymbol{AB}-2\boldsymbol{A}$ 及 $\boldsymbol{A}^{\mathrm{T}}\boldsymbol{B}$.

解 输入

```
A={{-1, 1, 1}, {1, -1, 1}, {1, 2, 3}}
MatrixForm[A]
B={{3, 2, 1}, {0, 4, 1}, {-1, 2, -4}}
MatrixForm[B]
3A.B-2A// MatrixForm
Transpose[A].B// MatrixForm
```

则输出 $3\boldsymbol{AB}-2\boldsymbol{A}$ 及 $\boldsymbol{A}^{\mathrm{T}}\boldsymbol{B}$ 的运算结果分别为

$$\begin{pmatrix}-10 & 10 & -14\\ 4 & 2 & -14\\ -2 & 44 & -33\end{pmatrix}$$

$$\begin{pmatrix}-4 & 4 & -4\\ 1 & 2 & -8\\ 0 & 12 & -10\end{pmatrix}$$

2. 求方阵的逆

例 2 设 $\boldsymbol{A}=\begin{pmatrix}2 & 1 & 3 & 2\\ 5 & 2 & 3 & 3\\ 0 & 1 & 4 & 6\\ 3 & 2 & 1 & 5\end{pmatrix}$，求 $\boldsymbol{A}^{-1}$.

解 输入

```
Clear[ma]
```

```
Ma={{2, 1, 3, 2}, {5, 2, 3, 3}, {0, 1, 4, 6}, {3, 2, 1, 5}};
Inverse [ma] // MatrixForm
```

则输出

$$\begin{pmatrix} -\frac{7}{4} & \frac{21}{16} & \frac{1}{2} & -\frac{11}{16} \\ \frac{11}{2} & -\frac{29}{8} & -2 & \frac{19}{8} \\ \frac{1}{2} & -\frac{1}{8} & 0 & -\frac{1}{8} \\ -\frac{5}{4} & \frac{11}{16} & \frac{1}{2} & -\frac{5}{16} \end{pmatrix}$$

3. 求方阵的行列式

例3　求 $\boldsymbol{D}=\begin{vmatrix} a^2+\frac{1}{a^2} & a & \frac{1}{a} & 1 \\ b^2+\frac{1}{b^2} & b & \frac{1}{b} & 1 \\ c^2+\frac{1}{c^2} & c & \frac{1}{c} & 1 \\ d^2+\frac{1}{d^2} & d & \frac{1}{d} & 1 \end{vmatrix}$.

解　输入

```
Clear [A, a, b, c, d] ;
A={{a^2+1/a^2, a, 1/a, 1}, { b^2+1/b^2, b, 1/b, 1},
{c^2+1/c^2, c, 1/c, 1}, {d^2+1/d^2, d, 1/d, 1}}
Det [A] //Simplify
```

则输出

$$-\frac{(a-b)(a-c)(b-c)(a-d)(b-d)(c-d)(-1+abcd)}{a^2b^2c^2d^2}$$

例4　设矩阵 $\boldsymbol{A}=\begin{pmatrix} 3 & 7 & 2 & 6 & -4 \\ 7 & 9 & 4 & 2 & 0 \\ 11 & 5 & -6 & 9 & 3 \\ 2 & 7 & -8 & 3 & 7 \\ 5 & 7 & 9 & 0 & -6 \end{pmatrix}$，求 $\det\boldsymbol{A}$，$\operatorname{tr}(\boldsymbol{A})$，$\boldsymbol{A}^3$.

解　输入

```
A={{3, 7, 2, 6, -4}, {7, 9, 4, 2, 0}, {11, 5, -6, 9, 3}, {2, 7, -8, 3, 7}, {5, 7,
9, 0, -6}}
MatrixForm [A]
Det [A]
Tr [A]
```

```
MatrixPower[A, 3] // MatrixForm
```

则输出 $\det A$，$\mathrm{tr}(A)$，A^3 分别为

```
11592

3
```

$$\begin{pmatrix} 726 & 2062 & 944 & 294 & -358 \\ 1848 & 3150 & 26 & 1516 & 228 \\ 1713 & 2218 & 31 & 1006 & 404 \\ 1743 & 984 & -451 & 1222 & 384 \\ 801 & 2666 & 477 & 745 & -125 \end{pmatrix}$$

四、实验习题

1\. 设 $A=\begin{pmatrix} 1 & 1 & 1 \\ 1 & 1 & -1 \\ 1 & -1 & 1 \end{pmatrix}$，$B=\begin{pmatrix} 1 & 2 & 3 \\ -1 & -2 & 4 \\ 0 & 5 & 1 \end{pmatrix}$，求 $3AB-2A$ 及 $A^{\mathrm{T}}B$.

2\. 设 $A=\begin{pmatrix} \lambda & 1 & 0 \\ 0 & \lambda & 1 \\ 0 & 0 & \lambda \end{pmatrix}$，求 A^{10}.

3\. 求 $\begin{pmatrix} 1+a & 1 & 1 & 1 & 1 \\ 1 & 1+a & 1 & 1 & 1 \\ 1 & 1 & 1+a & 1 & 1 \\ 1 & 1 & 1 & 1+a & 1 \\ 1 & 1 & 1 & 1 & 1+a \end{pmatrix}$ 的逆矩阵.

4\. $A=\begin{pmatrix} 4 & 2 & 3 \\ 1 & 1 & 0 \\ -1 & 2 & 3 \end{pmatrix}$，且 $AB=A+2B$，求 B .

实验 2　求矩阵的秩与向量组的极大无关组

一、实验目的

学习利用 Mathematica 软件求矩阵的秩，对矩阵进行初等行变换；求向量组的秩与极大无关组.

二、基本命令

（1）求由矩阵 M 的所有可能的 k 阶子式组成的矩阵的命令：`Minors[M, k]`.

（2）把矩阵 A 化作行最简形矩阵的命令：`RowReduce[A]`.

（3）把数表 1,数表 2…合并成一个数表的命令：`Join[list1, list2, …]`.例如，输入

```
Join[{{1, 0, -1}, {3, 2, 1}}, {{1, 5}, {4, 6}}]
```

则输出

```
{{1, 0, -1}, {3, 2, 1}, {1, 5}, {4, 6}}
```

三、实验举例

1. 求矩阵的秩

例 1　设 $\boldsymbol{M}=\begin{pmatrix}3 & 2 & -1 & -3 & -2\\ 2 & -1 & 3 & 1 & -3\\ 7 & 0 & 5 & -1 & -8\end{pmatrix}$，求矩阵 $\boldsymbol{M}$ 的秩.

解　输入

```
Clear[M];
M={{3, 2, -1, -3, -2}, {2, -1, 3, 1, -3}, {7, 0, 5, -1, -8}};
Minors[M, 2]
```

则输出

```
{{-7, 11, 9, -5, 5, -1, -8, 8, 9, 11}, {-14, 22, 18, -10, 10, -2, -16,
  16, 18, 22}, {7, -11, -9, 5, -5, 1, 8, -8, -9, -11}}
```

可见矩阵 $\boldsymbol{M}$ 有不为 0 的二阶子式.

再输入

```
Minors[M, 3]
```

则输出

```
{{0, 0, 0, 0, 0, 0, 0, 0, 0, 0}}
```

可见矩阵 $\boldsymbol{M}$ 的三阶子式都为 0，所以 $R(\boldsymbol{M})=2$.

例 2　求矩阵 $\boldsymbol{A}=\begin{pmatrix}6 & 1 & 1 & 7\\ 4 & 0 & 4 & 1\\ 1 & 2 & -9 & 0\\ -1 & 3 & -16 & -1\\ 2 & -4 & 22 & 3\end{pmatrix}$ 的行最简形矩阵及其秩.

解　输入

```
A={{6, 1, 1, 7}, {4, 0, 4, 1}, {1, 2, -9, 0}, {-1, 3, -16, -1}, {2, -4, 22, 3}}
MatrixForm[A]
RowReduce[A]//MatrixForm
```

则输出矩阵 $\boldsymbol{A}$ 的行最简形矩阵为

$$\begin{pmatrix} 1 & 0 & 1 & 0 \\ 0 & 1 & -5 & 0 \\ 0 & 0 & 0 & 1 \\ 0 & 0 & 0 & 0 \\ 0 & 0 & 0 & 0 \end{pmatrix}$$

由行最简形矩阵知，矩阵的秩为3.

2. 矩阵的初等行变换

例3 用初等变换法求矩阵$\begin{pmatrix} 1 & 2 & 3 \\ 2 & 2 & 1 \\ 3 & 4 & 3 \end{pmatrix}$的逆矩阵.

解 输入

```
A={{1, 2, 3}, {2, 2, 1}, {3, 4, 3}}
MatrixForm [A]
Transpose [Join [Transpose [A] , IdentityMatrix [3] ] ] //MatrixForm
RowReduce [%] //MatrixForm
Inverse [A] // MatrixForm
```

则输出矩阵 $\boldsymbol{A}$ 的逆矩阵为

$$\begin{pmatrix} 1 & 3 & -2 \\ -3/2 & -3 & 5/2 \\ 1 & 1 & 1 \end{pmatrix}$$

3. 向量组的秩

例4 向量组$\boldsymbol{\alpha}_1=(1,1,2,3)$，$\boldsymbol{\alpha}_2=(1,-1,1,1)$，$\boldsymbol{\alpha}_3=(1,3,4,5)$，$\boldsymbol{\alpha}_4=(3,1,5,7)$是否线性相关？

解 输入

```
Clear [A] ;
A={{1, 1, 2, 3}, {1, -1, 1, 1}, {1, 3, 4, 5}, {3, 1, 5, 7}};
RowReduce [A] //MatrixForm
```

则输出

$$\begin{pmatrix} 1 & 0 & 0 & 2 \\ 0 & 1 & 0 & 1 \\ 0 & 0 & 1 & 0 \\ 0 & 0 & 0 & 0 \end{pmatrix}$$

向量组包含4个向量，而它的秩等于3，因此这个向量组线性相关.

4. 向量组的极大无关组

例5 求向量组$\boldsymbol{\alpha}_1=(1,-1,2,4)$，$\boldsymbol{\alpha}_2=(0,3,1,2)$，$\boldsymbol{\alpha}_3=(3,0,7,14)$，$\boldsymbol{\alpha}_4=(1,-1,2,0)$，$\boldsymbol{\alpha}_5=(2,1,5,0)$的极大无关组，并将其他向量用极大无关组线性表示.

解 输入

```
Clear [A, B] ;
A={{1, -1, 2, 4}, {0, 3, 1, 2}, {3, 0, 7, 14}, {1, -1, 2, 0}, {2, 1, 5, 0}};
B=Transpose [A] ;
RowReduce [B] //MatrixForm
```

则输出

$$\begin{pmatrix} 1 & 0 & 3 & 0 & -1/2 \\ 0 & 1 & 1 & 0 & 1 \\ 0 & 0 & 0 & 1 & 5/2 \\ 0 & 0 & 0 & 0 & 0 \end{pmatrix}$$

由行最简形矩阵可以看出，向量组的秩等于 3，各非零行的首非零元素位于第 1、2、4 列，因此$\boldsymbol{\alpha}_1$、$\boldsymbol{\alpha}_2$、$\boldsymbol{\alpha}_4$是向量组的一个极大无关组.第 3 列的前两个元素分别是 3、1，于是$\boldsymbol{\alpha}_3 = 3\boldsymbol{\alpha}_1 + \boldsymbol{\alpha}_2$.第 5 列的前三个元素分别是$-1/2$、1、$5/2$，则$\boldsymbol{\alpha}_5 = -1/2\boldsymbol{\alpha}_1 + \boldsymbol{\alpha}_2 + 5/2\boldsymbol{\alpha}_4$.

四、实验习题

1. 求矩阵$\boldsymbol{A} = \begin{pmatrix} 1 & -1 & 2 & 1 & 0 \\ 2 & -2 & 4 & -2 & 0 \\ 3 & 0 & 6 & -1 & 1 \\ 2 & 1 & 4 & 2 & 1 \end{pmatrix}$的秩.

2. 求t，使得矩阵$\boldsymbol{A} = \begin{pmatrix} 1 & 3 & 2 \\ 2 & -1 & 3 \\ 3 & 2 & t \end{pmatrix}$的秩等于 2.

3. 求向量组$\boldsymbol{\alpha}_1 = (0,0,1)$，$\boldsymbol{\alpha}_2 = (0,1,1)$，$\boldsymbol{\alpha}_3 = (1,1,1)$，$\boldsymbol{\alpha}_4 = (1,0,0)$的秩.

4. 判断向量组$\boldsymbol{\alpha}_1 = (1,1,1,1)$，$\boldsymbol{\alpha}_2 = (1,-1,-1,1)$，$\boldsymbol{\alpha}_3 = (1,-1,1,-1)$，$\boldsymbol{\alpha}_4 = (1,1,-1,1)$的线性相关性.

5. 求向量组$\boldsymbol{\alpha}_1 = (1,2,3,4)$，$\boldsymbol{\alpha}_2 = (2,3,4,5)$，$\boldsymbol{\alpha}_3 = (3,4,5,6)$的极大线性无关组，并用极大无关组表示其他向量.

实验 3 求解线性方程组

一、实验目的

熟悉求解线性方程组的常用命令，能利用 Mathematica 命令求各类线性方程组的解.

二、基本命令

（1）命令 `NullSpace [A]`，给出齐次线性方程组$\boldsymbol{Ax} = \boldsymbol{O}$的解空间的一个基.

（2）命令 LinearSolve [A, b]，给出非齐次线性方程组 $\boldsymbol{Ax}=\boldsymbol{b}$ 的一个特解.

（3）解一般方程或方程组的命令 Solve.

三、实验举例

1. 求齐次线性方程组的解空间

例 1 求解线性方程组 $\begin{cases} x_1+x_2-2x_3-x_4=0 \\ 3x_1-x_2-x_3+2x_4=0 \\ 5x_2+7x_3+3x_4=0 \\ 2x_1-3x_2-5x_3-x_4=0 \end{cases}$.

解 输入

```
Clear [A];
A={{1, 1, -2, -1}, {3, -1, -1, 2}, {0, 5, 7, 3}, {2, -3, -5, -1}};
NullSpace [A]
```

则输出

```
{{-2, 1, -2, 3}}
```

是解空间的基.所以该齐次线性方程组的解空间是一维向量空间，为 $(-2,1,-2,3)$.

注：若输出结果为空集{ }，则表明解空间的基是一个空集，该方程组只有零解.

2. 非齐次线性方程组的特解

例 2 求线性方程组 $\begin{cases} x_1+x_2-2x_3-x_4=4 \\ 3x_1-2x_2-x_3+2x_4=2 \\ 5x_2+7x_3+3x_4=-2 \\ 2x_1-3x_2-5x_3-x_4=4 \end{cases}$ 的特解.

解 输入

```
Clear [A, b];
A={{1, 1, -2, -1}, {3, -2, -1, 2}, {0, 5, 7, 3}, {2, -3, -5, -1}};
b={4, 2, -2, 4}
LinearSolve [A, b]
```

则输出

```
{1, 1, -1, 0}
```

例 3 求出通过平面上三点 (0,7)，(1,6)，(2,9) 的二次多项式 ax^2+bx+c，并画出图形.

解 由已知条件可得 $\begin{cases} 0\cdot a+0\cdot b+c=7 \\ 1\cdot a+1\cdot b+c=6 \\ 4\cdot a+2\cdot b+c=9 \end{cases}$.

输入

```
Clear [x];
```

```
A={{0, 0, 1}, {1, 1, 1}, {4, 2, 1}}
Y={7, 6, 9}
P=LinearSolve [A, y]
Clear [a, b, c, r, s, t] ; {a, b, c}.{r, s, t}
F [x_] =p.{x^2, x, 1};
Plot [f [x] , {x, 0, 2}GridLines->Automatic, PlotRange->All] ;
```

则输出 a、b、c 的值为

```
{2, -3, 7}
```

并画出二次多项式 $2x^2-3x+7$ 的图形（略）.

3. 非齐次线性方程组的通解

用命令 Solve 求非齐次线性方程组的通解.

例 4　当 a 为何值时，方程组 $\begin{cases} ax_1+x_2+x_3=1 \\ x_1+ax_2+x_3=1 \\ x_1+x_2+ax_3=1 \end{cases}$ 无解、有唯一解、有无穷多解？当方程组有解时，求其解.

解　先计算系数行列式，并求 a，使行列式等于 0.

输入

```
Clear [a] ;
Det [{{a, 1, 1}, {1, a, 1}, {1, 1, a}}] ;
Solve [%==0, a]
```

则输出

```
{{a→-2}, {a→1}, {a→1}}
```

当 $a\neq-2$ 且 $a\neq1$ 时，方程组有唯一解.

输入

```
Solve [{ax+y+z==1, x+ay+z==1, x+y+az==1}, {x, y, z}]
```

则输出

$$\left\{\left\{x\to\frac{1}{2+a},\ y\to\frac{1}{2+a},\ z\to\frac{1}{2+a}\right\}\right\}$$

当 $a=-2$ 时，输入

```
Solve [{-2x+y+z==1, x-2y+z==1, x+y-2z==1}, {x, y, z}]
```

则输出

```
{ }
```

当 $a=1$ 时，输入

```
Solve [{x+y+z==1, x+y+z==1, x+y+z==1}, {x, y, z}]
```

则输出

```
{{x→1-y-z}}
```

此结果说明方程组有无穷多个解.非齐次线性方程组的特解为(1,0,0)，对应的齐次线性方程组的基础解系为(−1,1,0)与(−1,0,1).

例 5 求非齐次线性方程组$\begin{cases}2x_1+x_2-x_3+x_4=1\\3x_1-2x_2+x_3-2x_4=4\\x_1+4x_2-3x_3+5x_4=-2\end{cases}$的通解.

解法 1 输入

```
A={{2, 1, -1, 1}, {3, -2, 1, -2}, {1, 4, -3, 5}}; b={1, 4, -2};
Particular=LinearSolve [A, b]
Nullspacebasis=Nullpace [A]
Generalsolution=t*nullspacebasis [ [1] ] +k*nullspacebasis [ [2] ] +Flatten
[particular]
Generalsolution//MatrixForm
```

解法 2 输入

```
B={{2, 1, -1, 1, 1}, {3, -2, 1, -2, 4}, {1, 4, -3, 5, -2}}
RowReduce [B] //MatrixForm
```

由增广矩阵的行最简形矩阵知，方程组有无穷多解.其通解为

$$\begin{pmatrix}x_1\\x_2\\x_3\\x_4\end{pmatrix}=c_1\begin{pmatrix}1/7\\5/7\\1\\0\end{pmatrix}+c_2\begin{pmatrix}1/7\\-9/7\\0\\1\end{pmatrix}+\begin{pmatrix}6/7\\-5/7\\0\\0\end{pmatrix}\quad（c_1,c_2\text{为任意常数}）$$

四、实验习题

1. 解方程组$\begin{cases}2x_1-x_2+3x_3=0\\2x_1+x_2+x_3=0\\4x_1+x_2+2x_3=0\end{cases}$.

2. 解方程组$\begin{cases}2x_1-4x_2+5x_3+3x_4=0\\3x_1-6x_2+4x_3+2x_4=0\\4x_1-8x_2+17x_3+11x_4=0\end{cases}$.

3. 解方程组$\begin{cases}x_1+2x_2+x_3-x_4=2\\x_1+x_2+2x_3+x_4=3\\x_1-x_2+4x_3+5x_4=2\end{cases}$.

4. 当a, b为何值时，方程组$\begin{cases} x_1+x_2+x_3+x_4=0 \\ x_2+2x_3+2x_4=1 \\ -x_2+(a-3)x_3-2x_4=b \\ 3x_1+2x_2+x_3+ax_4=-1 \end{cases}$无解、有唯一解、有无穷多解？当方程组有无穷多解时，求其通解.

实验4　求矩阵的特征值与特征向量

一、实验目的

学习利用Mathematica中的命令求方阵的特征值与特征向量.

二、基本命令

（1）求方阵$\boldsymbol{M}$的特征值的命令：`Eigenvalues[M]`.

（2）求方阵$\boldsymbol{M}$的特征向量的命令：`Eigenvectors[M]`.

（3）求方阵$\boldsymbol{M}$的特征值和特征向量的命令：`Eigensystem[M]`.

注：在使用后面两个命令时，如果输出结果中含有零向量，则输出结果中的非零向量才是真正的特征向量.

（4）对向量组施行正交单位化的命令：`GramSchmidt`.

使用这个命令，要先调用“线性代数．向量组正交化”软件包，输入

```
<<LinearAlgebra\Orthogonalization.m
```

执行后，才能对向量组施行正交单位化的命令.

命令`GramSchmidt[A]`给出与矩阵$\boldsymbol{A}$的行向量组等价的且已正交化的单位向量组.

（5）求方阵$\boldsymbol{A}$的相似变换矩阵$\boldsymbol{B}$的命令：`Jordan Decomposition[A]`.

注：因为实对称矩阵的相似变换的标准形必是对角矩阵，所以，若$\boldsymbol{A}$为实对称矩阵，则命令`Jordan Decomposition[A]`同时给出$\boldsymbol{A}$的相似变换矩阵$\boldsymbol{B}$和$\boldsymbol{A}$的相似对角矩阵$\boldsymbol{C}$.

三、实验举例

1. 求矩阵的特征值与特征向量

例1　求矩阵$\boldsymbol{A}=\begin{pmatrix} -1 & 0 & 2 \\ 1 & 2 & -1 \\ 1 & 3 & 0 \end{pmatrix}$的特征值与特征向量.

解　（1）求矩阵$\boldsymbol{A}$的特征值.

输入

```
A={{-1, 0, 2}, {1, 2, -1}, {1, 3, 0}}
```

```
MatrixForm[A]
Eigenvalues[A]
```

则输出 $\boldsymbol{A}$ 的特征值

```
{-1, 1, 1}
```

（2）求矩阵 $\boldsymbol{A}$ 的特征向量.

输入

```
A={{-1, 0, 2}, {1, 2, -1}, {1, 3, 0}}
MatrixForm[A]
Eigenvectors[A]
```

则输出

```
{{-3, 1, 0}, {1, 0, 1}, {0, 0, 0}}
```

即 $\boldsymbol{A}$ 的特征向量为 $\begin{pmatrix}-3\\1\\0\end{pmatrix},\begin{pmatrix}1\\0\\1\end{pmatrix}$.

（3）利用命令 Eigensystem 同时求出矩阵 $\boldsymbol{A}$ 的特征值与特征向量.

解　输入

```
A={{-1, 0, 2}, {1, 2, -1}, {1, 3, 0}}
MatrixForm[A]
Eigensystem[A]
```

则输出矩阵 $\boldsymbol{A}$ 的特征值及其对应的特征向量.

例 2　已知 2 是方阵 $\boldsymbol{A}=\begin{pmatrix}3&0&0\\1&t&3\\1&2&3\end{pmatrix}$ 的特征值，求 t.

解　输入

```
Clear[A, q];
A={{2-3, 0, 0}, {-1, 2-t, -3}, {-1, -2, 2-3}};
q=Det[A]
Solve[q==0, t]
```

则输出

```
{{t→8}}
```

即当 $t=8$ 时，2 是方阵 $\boldsymbol{A}$ 的特征值.

例 3　已知 $\boldsymbol{x}=(1,1,-1)$ 是方阵 $\boldsymbol{A}=\begin{pmatrix}2&-1&2\\5&a&3\\-1&b&-2\end{pmatrix}$ 的一个特征向量，求参数 a、b 及特征向量 $\boldsymbol{x}$ 所属的特征值.

解　设所求特征值为t，输入

```
Clear [A, B, v, a, b, t] ;
A={{t-2, 1, -2}, {-5, t-a, -3}, {1, -b, t+2}};
v={1, 1, -1};
B=A.v;
Solve [{B [ [1] ] ==0, B [ [2] ] ==0, B [ [3] ] ==0}, {a, b, t}]
```

则输出

```
{{a→-3, b→0, t→-1}}
```

即$a=-3$，$b=0$时，向量$\boldsymbol{x}=(1,1,-1)$是方阵$\boldsymbol{A}$属于特征值-1的特征向量.

2. 矩阵的相似变换

例4　设矩阵$\boldsymbol{A}=\begin{pmatrix}4&1&1\\2&2&2\\2&2&2\end{pmatrix}$，求一可逆矩阵$\boldsymbol{P}$，使$\boldsymbol{P}^{-1}\boldsymbol{AP}$为对角矩阵.

解　输入

```
Jor= Jordan Decomposition [A]
```

则输出

```
{{0, -1, 1}, {-1, 1, 1}, {1, 1, 1}}
{{0, 0, 0}, {0, 2, 0}, {0, 0, 6}}
```

即$\boldsymbol{P}=\begin{pmatrix}0&-1&1\\-1&1&1\\1&1&1\end{pmatrix}$，且$\boldsymbol{P}^{-1}\boldsymbol{AP}=\begin{pmatrix}0&0&0\\0&2&0\\0&0&6\end{pmatrix}$.

例5　已知方阵$\boldsymbol{A}=\begin{pmatrix}-2&0&0\\2&x&2\\3&1&1\end{pmatrix}$与$\boldsymbol{B}=\begin{pmatrix}-1&0&0\\0&2&0\\0&0&y\end{pmatrix}$相似，求$x$和$y$.

解　矩阵$\boldsymbol{B}$是对角矩阵，特征值是-1，2，y.矩阵$\boldsymbol{A}$是分块下三角矩阵，-2是矩阵$\boldsymbol{A}$的特征值. 矩阵$\boldsymbol{A}$与矩阵$\boldsymbol{B}$相似，则$y=-2$，且-1、2也是矩阵$\boldsymbol{A}$的特征值.

输入

```
Clear [c, v] ;
v={{4, 0, 0}, {-2, 2-x, -2}, {-3, -1, 1}};
Solve [Det [v] ==0, x]
```

则输出

```
{{x→0}}
```

故$x=0$，$y=-2$.

四、实验习题

1. 求方阵 $\boldsymbol{A}=\begin{pmatrix}-1 & 2 & 2\\ 2 & -1 & -2\\ 2 & -2 & -1\end{pmatrix}$ 的特征值与特征向量.

2. 已知 0 是方阵 $\begin{pmatrix}1 & 0 & 1\\ 0 & 2 & 0\\ 1 & 0 & t\end{pmatrix}$ 的特征值，求 t.

3. 设向量 $\boldsymbol{x}=(1,\ k,\ 1)^{\mathrm{T}}$ 是方阵 $\boldsymbol{A}=\begin{pmatrix}2 & 1 & 1\\ 1 & 2 & 1\\ 1 & 1 & 2\end{pmatrix}$ 的特征向量，求 k.

4. 已知方阵 $\boldsymbol{A}=\begin{pmatrix}2 & 0 & 0\\ 0 & 0 & 1\\ 0 & 1 & x\end{pmatrix}$ 与 $\boldsymbol{B}=\begin{pmatrix}2 & 0 & 0\\ 0 & y & 0\\ 0 & 0 & -1\end{pmatrix}$ 相似，求：

（1）x 和 y.

（2）满足等式 $\boldsymbol{P}^{-1}\boldsymbol{A}\boldsymbol{P}=\boldsymbol{B}$ 的方阵 $\boldsymbol{P}$.

附录B　行列式数学实验常用指令

（1）$\boldsymbol{aa}=\{\{a_{11},a_{12},\cdots,a_{1n}\},\{a_{21},a_{22},\cdots,a_{2n}\},\cdots,\{a_{n1},a_{n2},\cdots,a_{nn}\}\}$表示行列式中数据（表）的列出.

在 Mathematica 中有一种数据结构，称为表，它可以将一些有关联的元素组成一个整体，既可对整体进行操作，也可对单个元素进行操作.

表在形式上是用花括号括起来的若干个元素，元素之间用逗号分隔.

最简单的建立表的方法就是将表的元素列出来，如 $a=\{1,2\}$，给出了一个由 1 和 2 两个数组成的数表. $\boldsymbol{aa}=\{\{1,2,3\},\{2,3,4\}\}$建立了一个二重数表，即表的每个元素又是一个表，它可以表示一个 2×3 的矩阵. 要取出它的第二个子表，可键入 aa［［2］］，要取出第二个子表的第三个元素，可键入 aa［［2，3］］.

（2）`Det[aa]` 表示对由 aa 的数据所构成的行列式的计算.

（3）`LinearSolve[aa，bb]` 表示以 aa 为未知数系数、以 bb 为常数项的线性方程组. 当方程组有唯一解时，将给出这个解. 当方程组有无穷多解时，将给出一个特解. 如果方程组无解，则会给出无解的信息.

例 1　计算行列式$\begin{vmatrix}5 & 6\\ 7 & 8\end{vmatrix}$.

解　键入

```
aa={{5，6}，{7，8}}
"Determinant of A="
Det[aa]
```

则可得到（现时按“Shift”键与“Enter”键后，程序将自动输出）结果：

```
{{5，6}，{7，8}}
Determinant of A=
-2
```

例 2　解线性方程组$\begin{cases}5x_1+6x_2=17\\ 7x_1+8x_2=23\end{cases}$.

解　键入

```
aa={{5，6}，{7，8}}；bb={17，23}；
```

```
LinearSolve[aa, bb]
```

则可得到

```
{1, 2}
```

即方程组的解为 $x_1=1$，$x_2=2$.

也可直接键入

```
LinearSolve[{{5, 6}, {7, 8}}, {17, 23}]
```

可得到同样的结果.

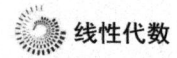

附录C　简单的线性规划问题

线性规划是数学中理论较完整、方法较成熟、应用较广泛的一个分支，它可以解决科学、工程、经济、军事等诸多方面的实际问题.

一、线性规划问题的数学模型

数学模型方法是处理数学科学理论问题的一种经典方法，也是处理各类实际问题的一般方法. 在许多实际问题中总存在着已知量和未知量，如果将这些量之间的依赖关系用数学式子表示出来，那么这些数学式子就称为实际问题的数学模型. 换言之，数学模型是描述实际问题共性的抽象的数学符号. 它是针对现实世界中的特定对象，为了特定的目的，根据特有的内在规律，对特定对象进行分析、提炼、归纳、升华，运用适当的数学语言所表述出来的一种数学结构. 它或者能解释特定对象的现实状态，或者能预测对象的未来状态，或者能提供处理对象的最优决策.

在生产实践和日常生活中，经常会遇到如何合理地使用有限资源（如资金、劳力、材料、机器、仪器设备、时间等），以获得最大效益的问题.

例 1　某制药厂在计划期内要安排生产 I、II 两种药，这些药品分别需要在 A、B、C、D 这 4 种不同的设备上加工. 按工艺规定，每千克药品 I 和 II 在各台设备上所需要的加工台时数如表 C-1 所示. 已知各设备在计划期内有效台时数（1 台设备工作 1h 称为 1 台时）分别是 12、8、16 和 12. 该制药厂每生产 1kg 药品 I 可得利润 100 元，每生产 1kg 药品 II 可得利润 200 元. 问如何安排生产计划，才能使制药厂利润最大？

表 C-1　每千克药品 I 和 II 在各台设备上所需要的加工台时数

药品	A	B	C	D
I	2	1	4	0
II	2	2	0	4

解　设 x_1、x_2 分别表示在计划期内药品 I 和 II 的产量（kg），S 表示此期间的制药厂利润，则计划期内生产 I、II 两种药品的利润总额为 $S=200x_1+300x_2$（元），但是生产 I、II 两种药品在 A 设备上的加工台时数必须满足 $2x_1+2x_2\leqslant 12$；在 B 设备上的加工台时数必须满足 $x_1+2x_2\leqslant 8$；在 C 设备上的加工台时数必须满足 $4x_1\leqslant 16$；在 D 设备上的加工台时数必须满足 $4x_2\leqslant 12$；生产 I、II 两种药品的数量应是非负数，即 $x_1,x_2\geqslant 0$. 于是上述问题

归结为

目标函数　max　$S=100x_1+200x_2$

约束条件　$\begin{cases}2x_1+2x_2\leqslant 12\\ x_1+2x_2\leqslant 8\\ 4x_1\leqslant 16\\ 4x_2\leqslant 12\\ x_1,x_2\geqslant 0\end{cases}$

同样，在经济生活和生产活动中也遇到另一类问题，即为了达到一定的目标，应如何组织生产、合理安排工艺流程或调整产品的成分等，以使消耗的人力、设备、资金、原材料等最少.

例 2　用 3 种原料 B_1、B_2、B_3 配制某种食品，要求该食品中蛋白质、脂肪、糖、维生素的含量不低于 15、20、25、30 单位. 3 种原料的单价及每单位原料所含各种成分的数量如表 C-2 所示. 问如何配制该食品，才能使所需成本最低？

表 C-2　3 种原料的单价及每单位原料所含各种成分的数量

营养成分	原料			食品中营养成分的最低需要量/单位
	B_1	B_2	B_3	
蛋白质/（单位/kg）	5	6	8	15
脂肪/（单位/kg）	3	4	6	20
糖/（单位/kg）	8	5	4	25
维生素/（单位/kg）	10	12	8	30
原料单价/（元/kg）	16	23	27	

解　设 x_1、x_2、x_3 分别表示原料 B_1、B_2、B_3 的用量（kg），S 表示食品的成本（元），则这一食品配制问题变为

目标函数　min　$S=16x_1+23x_2+27x_3$

约束条件　$\begin{cases}5x_1+6x_2+8x_3\geqslant 15\\ 3x_1+4x_2+6x_3\geqslant 20\\ 8x_1+5x_2+4x_3\geqslant 25\\ 10x_1+12x_2+8x_3\geqslant 30\\ x_1,x_2,x_3\geqslant 0\end{cases}$

由上面两个例子可以看出，线性规划的数学模型具有如下特征.

（1）都有一组未知变量 $(x_1,x_2,\cdots,x_n)$ 代表某一方案，它们取不同的非负值，代表不同的具体方案.

（2）都有一个目标要求，实现极大值或极小值. 目标函数要用未知变量的线性函数表示.

（3）未知变量受到一组约束条件的限制，这些约束条件用一组线性等式或不等式表示.

正是由于目标函数和约束条件都是未知变量的线性函数，所以我们把这类问题称为线

性规划问题.

线性规划问题的一般形式如下.

目标函数　max（min）　$S = c_1x_1 + c_1x_2 + \cdots + c_nx_n$

约束条件　$\begin{cases} a_{11}x_1 + a_{12}x_2 + \cdots + a_{1n}x_n \leqslant (=, \geqslant)\ b_1 \\ a_{21}x_1 + a_{22}x_2 + \cdots + a_{2n}x_n \leqslant (=, \geqslant)\ b_2 \\ \qquad \vdots \\ a_{m1}x_1 + a_{m2}x_2 + \cdots + a_{mn}x_n \leqslant (=, \geqslant)\ b_m \\ x_1, x_2, \cdots, x_n \geqslant 0 \end{cases}$

这里，$c_1x_1 + c_1x_2 + \cdots + c_nx_n$ 称为目标函数，记为S，根据研究目标是最大值还是最小值，在目标函数前冠以“max”或“min”，其中 c_j（$j = 1,2,\cdots,n$）称为成本或利润系数；a_{ij}（$i = 1,2,\cdots,m$；$j = 1,2,\cdots,n$）称为约束条件中未知变量的系数；b_i（$i = 1,2,\cdots,m$）称为限定系数.

二、线性规划问题的图解法

1. 线性规划问题解的基本概念

设线性规划问题的标准形式为

目标函数　max　$S = \sum_{j=1}^{n} c_j x_j$

约束条件　$\begin{cases} \sum_{j=1}^{n} a_{ij}x_j \geqslant (=, \leqslant) = b_i & i = 1,2,\cdots,m \\ x_j \geqslant 0 & j = 1,2,\cdots,n \\ b_i \geqslant 0 & i = 1,2,\cdots,m \end{cases}$

（1）可行解：满足约束条件的解 $X = (x_1, x_2, \cdots, x_n)^{\mathrm{T}}$，称为线性规划问题的可行解. 所有可行解的集合称为可行域.

（2）最优解：满足目标函数式的可行解称为线性规划问题的最优解.

（3）最优值：对应于最优解的目标函数值称为最优值.

2. 两个变量的线性规划问题的图解法

图解法是线性规划问题中最直观的一种解法，它仅限于两个变量的线性规划问题.

例 3　用图解法解线性规划问题.

目标函数　max　$S = 2x + y$

约束条件　$\begin{cases} x + y \leqslant 5 \\ x - y \leqslant 3 \\ x, y \geqslant 0 \end{cases}$

解　在平面直角坐标系中，$x + y \leqslant 5$ 表示直线 $x + y = 5$ 及其左下方的半平面. $x - y \leqslant 3$

表示直线 $x-y=3$ 及其左上方的半平面. $x,y\geqslant 0$ 表示只能取第一象限及 x,y 轴正半轴上的点. 于是就构成了一个区域 $OADC$，如图 C-1 所示.

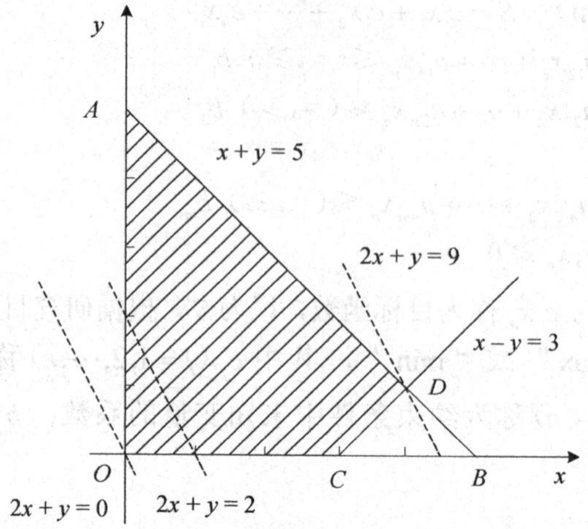

图 C-1

目标函数 $S=2x+y$，在坐标系中表示以 S 为参数的一组平行线 $y=-2x+S$. 当参数 S 的值由小逐渐变大时，直线 $y=-2x+S$ 沿其增大方向平行移动，当移动到 D 点时，D 点的坐标既满足约束条件，又使目标函数取得最大值.

由 $x+y=5$ 与 $x-y=3$ 解得 D 点坐标为 $(4,1)$. 所以最优解为 $x=4$， $y=1$，目标函数最大值为 $S=2\times 4+1=9$.

例 4 用图解法解线性规划问题.

目标函数 min $S=3x+2y$

约束条件 $\begin{cases} x+2y\geqslant 4 \\ x-y\geqslant 1 \\ x,y\geqslant 0 \end{cases}$

解 在平面直角坐标系中，由约束条件可得无界可行域 G，如图 C-2 所示.

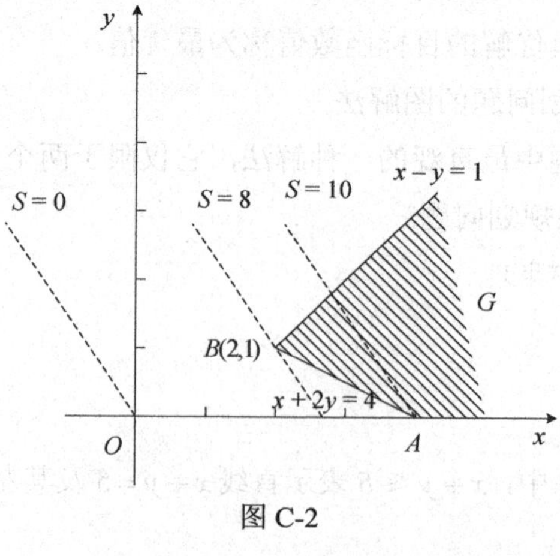

图 C-2

由于目标函数$S=3x+2y$表示以S为参数的一组平行线，参数S的值越小，直线离原点越近，由图C-2可以看出，点B就是满足条件的点. 因为点B的坐标为$(2,1)$，所以最优解为$x=2$，$y=1$，目标函数最小值为$S=3\times2+2=8$.

如果本题改为目标函数求最大值，由于可行域无上界，所以也就没有最优解.

3. 线性规划问题的特点

由上面的图解法可以直观地看出，线性规划问题的解具有如下特点.

（1）可行域总是凸多边形.

（2）如果一个线性规划问题确实存在唯一的最优解，那么它必定可在其可行域的一个顶点上达到.

（3）如果一个线性规划问题存在多重最优解，那么至少在其可行域有两个相邻的顶点所对应的目标函数值相等，且达到最大值（或最小值）.

（4）如果可行域中一个顶点的目标函数值比其相邻顶点的目标函数值要优，那么它就比其他所有顶点的目标函数值都要优，或者说它就是一个最优解.

有时在求解线性规划问题时，会发现线性规划的约束条件矛盾，无法找到可行域，这时线性规划问题无解；有时也会遇到可行域无界且无最优解的情况，这时线性规划问题的解称为无界解.

附录D　参考答案

第1章

习题 1.1

1. （1）-2；（2）0；（3）abc；（4）0.

3. $A_{11}=0$，$A_{41}=39$，$A_{44}=28$.

4. （1）$x_1=1$，$x_2=2$，$x_3=-2$；

（2）$x_1=\dfrac{b-a-1}{2a}$，$x_2=\dfrac{a-b-1}{2b}$，$x_3=-\dfrac{a+b+1}{2}$.

习题 1.2

1.（1）189；（2）1；（3）11；（4）665.

习题 1.3

1. $x_1=3$，$x_2=-4$，$x_3=-1$，$x_4=1$.
2. $x_1=2$，$x_2=-3$，$x_3=4$，$x_4=-5$.
3. $x_1=-3$，$x_2=3$，$x_3=5$，$x_4=0$.

复习题 1

1. $x=-15$ 或 $x=2$.
2. $(a+b+c)^3$.

3. 当 a、b、c 互不相等时方程组有唯一解，$x=a$，$y=b$，$z=c$.

第2章

习题 2.1

1. $\begin{matrix}1\\2\\3\\4\end{matrix}\begin{pmatrix}C & A & D & B\\ B & D & A & C\\ D & C & B & A\\ A & B & C & D\end{pmatrix}$；

2. B的策略→

A的策略↓	石头	剪刀	布
石头	0	1	−1
剪刀	−1	0	1
布	1	−1	0

习题 2.2

1. $\boldsymbol{A}+\boldsymbol{A}^{\mathrm{T}}=\begin{pmatrix}6 & 8 & 1\\ 8 & 8 & 9\\ 1 & 9 & 10\end{pmatrix}$；$\boldsymbol{A}-\boldsymbol{A}^{\mathrm{T}}=\begin{pmatrix}0 & 4 & 3\\ -4 & 0 & 5\\ -3 & -5 & 0\end{pmatrix}$.

2. $\boldsymbol{X}=\begin{pmatrix}\frac{5}{2} & \frac{1}{2} & -\frac{1}{2} & 0\\ \frac{5}{2} & -3 & 1 & 0\\ \frac{3}{2} & 1 & -4 & -1\end{pmatrix}$.

3. （1）$\begin{pmatrix}0 & 1\\ 0 & 0\end{pmatrix}$；（2）$[0]$；（3）$\begin{pmatrix}-4 & 2 & 0\\ -2 & 1 & 0\\ 2 & -1 & 0\\ -6 & 3 & 0\end{pmatrix}$；

（4）$\begin{pmatrix}9 & -2 & -1\\ 9 & 9 & 11\end{pmatrix}$；（5）$\begin{pmatrix}8 & 11 & -1 & 6\\ 1 & 0 & 0 & 0\\ 0 & 1 & 0 & 0\\ 0 & 0 & 1 & 0\end{pmatrix}$.

习题 2.3

1.（1）$x_1=1$，$x_2=2$，$x_3=-4$.

（2）$x_1=1$，$x_2=0$，$x_3=-1$，$x_4=-2$.

2. （1）2；（2）3；（3）3；（4）4.

习题 2.4

1. （1）$\begin{pmatrix} 1 & -2 & 7 \\ 0 & 1 & -2 \\ 0 & 0 & 1 \end{pmatrix}$；（2）不存在；

（3）$\begin{pmatrix} \cos\alpha & -\sin\alpha & 0 \\ \sin\alpha & \cos\alpha & 0 \\ 0 & 0 & 1 \end{pmatrix}$；（4）$\begin{pmatrix} -5 & 0 & 8 \\ -3 & -1 & -6 \\ 2 & 0 & 3 \end{pmatrix}$；

（5）$\begin{pmatrix} -10 & 2 & -5 \\ -5 & 1 & -2 \\ 6 & -1 & 3 \end{pmatrix}$；（6）$\begin{pmatrix} -\frac{5}{2} & 1 & -\frac{1}{2} \\ 5 & -1 & 1 \\ \frac{7}{2} & -1 & 2 \end{pmatrix}$.

2. （1）$\begin{pmatrix} 2 & -23 \\ 0 & 8 \end{pmatrix}$；（2）不存在；（3）$\begin{pmatrix} 11 & 5 & -50 \\ 10 & 0 & -40 \\ -4 & -2 & 19 \end{pmatrix}$.

3. （1）$x_1=1$，$x_2=2$，$x_3=3$；（2）$x_1=1$，$x_2=2$，$x_3=3$.

复习题 2

2. （1）$\begin{pmatrix} 1 & -6 & -3 \\ -9 & 2 & 2 \\ -7 & 0 & 1 \end{pmatrix}$；（2）$\begin{pmatrix} -3 & 0 & 7 \\ -2 & 1 & 2 \\ 0 & 1 & 4 \end{pmatrix}$.

3. （1）$\begin{pmatrix} -9 & 0 & 6 \\ -6 & 0 & 0 \\ -6 & 0 & 9 \end{pmatrix}$；（2）$\begin{pmatrix} 0 & 0 & 6 \\ -3 & 0 & 0 \\ -6 & 0 & 0 \end{pmatrix}$.

4. （1）$\begin{pmatrix} 1 & n \\ 0 & 1 \end{pmatrix}$；（2）$\begin{pmatrix} 2^{n-1} & 2^{n-1} \\ 2^{n-1} & 2^{n-1} \end{pmatrix}$；（3）$\begin{pmatrix} a^n & 0 & 0 \\ 0 & b^n & 0 \\ 0 & 0 & c^n \end{pmatrix}$；

（4）$a^2+b^2+c^2$；（5）$\begin{pmatrix} a^2 & ab & ac \\ ab & b^2 & bc \\ ac & bc & c^2 \end{pmatrix}$.

5. $\begin{pmatrix} 8 & 14 & 0 & 0 \\ -20 & -8 & 0 & 0 \\ 0 & 0 & 13 & 0 \\ 0 & 0 & -26 & -13 \end{pmatrix}$.

7. （1）$\begin{pmatrix} \frac{4}{5} & -\frac{1}{5} \\ -\frac{3}{5} & \frac{2}{5} \end{pmatrix}$；（2）$\begin{pmatrix} 1 & -4 & -3 \\ 1 & -5 & -3 \\ -1 & 6 & 4 \end{pmatrix}$；（3）$\begin{pmatrix} 2 & -1 & 1 \\ 4 & -2 & 1 \\ -\frac{3}{2} & 1 & -\frac{1}{2} \end{pmatrix}$；

（4）$\begin{pmatrix} 1 & -\frac{2}{3} & 0 & 0 & 0 \\ 0 & \frac{1}{3} & 0 & 0 & 0 \\ 0 & 0 & \frac{1}{4} & 0 & 0 \\ 0 & 0 & 0 & \frac{1}{5} & 0 \\ 0 & 0 & 0 & \frac{1}{10} & -\frac{1}{4} \end{pmatrix}$.

8. $\begin{pmatrix} -1 & 4 & 3 \\ -1 & 5 & 3 \\ 1 & -6 & -4 \end{pmatrix}$.

9. （1）3；（2）2；（3）2；（4）3.

10. $a=1$，$b=-1$.

11. （1）$t=1$；（2）$t=-2$.

12. （1）(D)；　（2）(A)；　（3）(C)；　（4）(B)；（5）(C).

第3章

习题 3.1

1. $(7,6,-7)$.

2. $a=1$，$b=1$，$c=1$.

3. （1）$x\begin{pmatrix} 1 \\ 1 \\ -1 \end{pmatrix}+y\begin{pmatrix} 1 \\ -2 \\ 3 \end{pmatrix}+z\begin{pmatrix} -1 \\ 1 \\ -1 \end{pmatrix}=\begin{pmatrix} 3 \\ 0 \\ -1 \end{pmatrix}$；

（2）$x\begin{pmatrix}2\\3\\1\end{pmatrix}+y\begin{pmatrix}1\\-1\\3\end{pmatrix}+z\begin{pmatrix}-3\\2\\-1\end{pmatrix}=\begin{pmatrix}-1\\1\\-3\end{pmatrix}$.

4. 线性相关.

习题 3.2

1.（1）线性无关；

（2）线性相关，极大无关组为 $\boldsymbol{\alpha}_1,\boldsymbol{\alpha}_2$ 或 $\boldsymbol{\alpha}_1,\boldsymbol{\alpha}_3$ 或 $\boldsymbol{\alpha}_2,\boldsymbol{\alpha}_3$；

（3）线性相关，任选其中的两个向量都可构成极大无关组.

2. 3.

习题 3.3

1.（1）$\boldsymbol{\eta}=(4,-9,4,3)^{\mathrm{T}}$，所有解为 $\boldsymbol{X}=C\boldsymbol{\eta}$（$C$ 为任意常数）.

（2）$\boldsymbol{\eta}_1=(1,-2,1,0,0)^{\mathrm{T}}$，$\boldsymbol{\eta}_2=(1,-2,0,1,0)^{\mathrm{T}}$，$\boldsymbol{\eta}_3=(5,-6,0,0,1)^{\mathrm{T}}$，
全部解为 $\boldsymbol{X}=C_1\boldsymbol{\eta}_1+C_2\boldsymbol{\eta}_2+C_3\boldsymbol{\eta}_3$（$C_1,C_2,C_3$ 为任意常数）.

2.（1）$\boldsymbol{X}=C(0,1,2,1)^{\mathrm{T}}+(8,3,6,0)^{\mathrm{T}}$（$C$ 为任意常数）.

（2）$\boldsymbol{X}=(2,1,-1)^{\mathrm{T}}$.

复习题 3

1.（1）$(23,18,17)$；（2）$(12,12,11)$.

2.（1）$(-4,0,-5,-9)$；（2）$\left(7,-5,\frac{11}{2},\frac{27}{2}\right)$.

3.（1）线性相关；（2）线性无关.

4. $a=2$ 或者 $a=-1$.

5. 略.

6. 当 $k_1\neq1$ 且 $k_2\neq0$ 时，$\boldsymbol{\beta}_1,\boldsymbol{\beta}_2,\boldsymbol{\beta}_3$ 线性无关；当 $k_1=1$ 或者 $k_2=0$ 时，$\boldsymbol{\beta}_1,\boldsymbol{\beta}_2,\boldsymbol{\beta}_3$ 线性相关.

7.（1）$\boldsymbol{\alpha}_1,\boldsymbol{\alpha}_2,\boldsymbol{\alpha}_3$ 是向量组的一个极大无关组，且 $\boldsymbol{\alpha}_4=-3\boldsymbol{\alpha}_1+5\boldsymbol{\alpha}_2-\boldsymbol{\alpha}_3$.

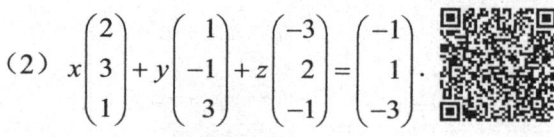

（2）$\boldsymbol{\alpha}_1,\boldsymbol{\alpha}_2$ 是向量组的一个极大无关组，且 $\boldsymbol{\alpha}_3=\frac{4}{3}\boldsymbol{\alpha}_1-\frac{1}{3}\boldsymbol{\alpha}_2$， $\boldsymbol{\alpha}_4=\frac{13}{3}\boldsymbol{\alpha}_1+\frac{2}{3}\boldsymbol{\alpha}_2$.

（3）$\boldsymbol{\alpha}_1,\boldsymbol{\alpha}_2,\boldsymbol{\alpha}_3$ 是向量组的一个极大无关组，且 $\boldsymbol{\alpha}_4=2\boldsymbol{\alpha}_1+\boldsymbol{\alpha}_2-\boldsymbol{\alpha}_3$.

8. $a=2$，$b=5$.

9. 略.

10. （1）零解；（2）$c_1\begin{pmatrix}-2\\1\\0\\0\end{pmatrix}+c_2\begin{pmatrix}1\\0\\0\\1\end{pmatrix}$（$c_1,c_2$ 为任意实数）.

11. （1）无解；（2）$c_1\begin{pmatrix}-\frac{1}{2}\\1\\0\\0\end{pmatrix}+c_2\begin{pmatrix}\frac{1}{2}\\0\\1\\0\end{pmatrix}+\begin{pmatrix}\frac{1}{2}\\0\\0\\0\end{pmatrix}$（$c_1,c_2$ 为任意实数）.

12. 当 $a=1$ 时，解为 $c_1\begin{pmatrix}-1\\1\\0\end{pmatrix}+c_2\begin{pmatrix}-1\\0\\1\end{pmatrix}$（$c_1,c_2$ 为任意实数）；

当 $a=-2$ 时，解为 $c\begin{pmatrix}1\\1\\1\end{pmatrix}$（$c$ 为任意实数）.

13. 当 $\lambda\neq1,-2$ 时，有唯一解；当 $\lambda=-2$ 时，无解；

当 $\lambda=1$ 时，有无穷多解，通解为 $c_1\begin{pmatrix}-1\\1\\0\end{pmatrix}+c_2\begin{pmatrix}-1\\0\\1\end{pmatrix}+\begin{pmatrix}1\\0\\0\end{pmatrix}$（$c_1,c_2$ 为任意实数）.

第4章

习题 4.1

1. $(1,1,1)^{\mathrm{T}},(-1,0,1)^{\mathrm{T}},\frac{1}{3}(1,-2,1)^{\mathrm{T}}$.

2. $\boldsymbol{\alpha}_1=\frac{1}{\sqrt{3}}(1,0,-1,1)^{\mathrm{T}}$，$\boldsymbol{\alpha}_2=\frac{1}{\sqrt{15}}(1,-3,2,1)^{\mathrm{T}}$，$\boldsymbol{\alpha}_1=\frac{1}{\sqrt{35}}(-1,3,3,4)^{\mathrm{T}}$.

3. （1）不是正交矩阵；（2）是正交矩阵.

习题 4.2

1.（1）$\lambda_1=-2$，$\lambda_2=4$；当 $\lambda_1=-2$ 时，特征向量为 $k_1(1,-5)^{\mathrm T}$（$k_1\neq 0$）；当 $\lambda_1=4$ 时，特征向量为 $k_2(1,1)^{\mathrm T}$（$k_2\neq 0$）.

（2）$\lambda_1=2$，$\lambda_2=4$；当 $\lambda_1=2$ 时，特征向量为 $k_1(1,1)^{\mathrm T}$（$k_1\neq 0$）；当 $\lambda_2=4$ 时，特征向量为 $k_2(1,-1)^{\mathrm T}$（$k_2\neq 0$）.

（3）$\lambda_1=-1$，$\lambda_2=\lambda_3=2$；当 $\lambda_1=-1$ 时，特征向量为 $k_1(1,0,1)^{\mathrm T}$（$k_1\neq 0$），当 $\lambda_2=\lambda_3=2$ 时，特征向量为 $k_1(1,4,0)^{\mathrm T}+k_2(1,0,4)^{\mathrm T}$（$k_1,k_2$ 不同时为 0）.

（4）$\lambda_1=\lambda_2=1$，$\lambda_3=2$；当 $\lambda_1=\lambda_2=1$ 时，特征向量为 $k_1(1,2,-1)^{\mathrm T}$（$k_1\neq 0$），当 $\lambda_3=2$ 时，特征向量为 $k_2(0,0,1)^{\mathrm T}$（$k_2\neq 0$）.

（5）$\lambda_1=\lambda_2=\cdots=\lambda_n=a$，$k_1\varepsilon_1+k_2\varepsilon_2+\cdots+k_n\varepsilon_n$（$k_1,k_2,\cdots,k_n$ 不全为 0）.

习题 4.3

1. 提示：因为 $\boldsymbol{A}\sim\boldsymbol{\Lambda}$，所以 $|\lambda\boldsymbol{E}-\boldsymbol{A}|=|\lambda\boldsymbol{E}-\boldsymbol{\Lambda}|$，由此解得 $x=4$，$y=5$.

3. 提示：因为 $\boldsymbol{P}_1,\boldsymbol{P}_2,\boldsymbol{P}_3$ 线性无关，所以 $\boldsymbol{P}=[\boldsymbol{P}_1,\boldsymbol{P}_2,\boldsymbol{P}_3]$ 可逆.由 $\boldsymbol{P}^{-1}\boldsymbol{AP}=\boldsymbol{\Lambda}$，得

$$\boldsymbol{A}=\boldsymbol{P\Lambda P}^{-1}=\frac{1}{3}\begin{pmatrix}-1&0&2\\0&1&2\\2&2&0\end{pmatrix}.$$

习题 4.4

1. $\boldsymbol{P}=\dfrac{1}{3}\begin{pmatrix}2&2&1\\2&-1&-2\\1&-2&2\end{pmatrix}$，$\boldsymbol{P}^{-1}\boldsymbol{AP}=\boldsymbol{P}^{\mathrm T}\boldsymbol{AP}=\begin{pmatrix}-1&0&0\\0&2&0\\0&0&5\end{pmatrix}$.

2. $\boldsymbol{P}=\dfrac{1}{\sqrt2}\begin{pmatrix}0&1&0\\1&0&1\\-1&0&1\end{pmatrix}$，$\boldsymbol{P}^{-1}\boldsymbol{AP}=\boldsymbol{P}^{\mathrm T}\boldsymbol{AP}=\begin{pmatrix}2&0&0\\0&4&0\\0&0&4\end{pmatrix}$.

3. 提示：由特征值定义及 $a>0$，可求得 $a=3$，从而求得特征值 $\lambda_1=2$，$\lambda_2=1$，$\lambda_3=5$，进而可求得 $\boldsymbol{P}=\dfrac{1}{\sqrt2}\begin{pmatrix}\sqrt2&0&0\\0&1&1\\0&-1&1\end{pmatrix}$，$\boldsymbol{P}^{-1}\boldsymbol{AP}=\boldsymbol{P}^{\mathrm T}\boldsymbol{AP}=\begin{pmatrix}2&0&0\\0&1&0\\0&0&5\end{pmatrix}$.

4. $\boldsymbol{P}=\dfrac{1}{\sqrt2}\begin{pmatrix}0&\sqrt2&0\\1&0&1\\-1&0&1\end{pmatrix}$，$\boldsymbol{P}^{-1}\boldsymbol{AP}=\boldsymbol{P}^{\mathrm T}\boldsymbol{AP}=\begin{pmatrix}2&&\\&4&\\&&4\end{pmatrix}$.

5. $P=\frac{1}{6}\begin{pmatrix}3\sqrt{2} & \sqrt{6} & \sqrt{3} & 3\\ 3\sqrt{2} & -\sqrt{6} & -\sqrt{3} & -3\\ 0 & 2\sqrt{6} & -2\sqrt{6} & -3\\ 0 & 0 & 0 & 3\end{pmatrix}$，$P^{-1}AP=P^{\mathrm{T}}AP=\begin{pmatrix}1 & & & \\ & 1 & & \\ & & 1 & \\ & & & 5\end{pmatrix}$.

6. 提示：因为$P^{-1}AP=\Lambda$，于是$A=P\Lambda P^{-1}$，先求得$P=\begin{pmatrix}1 & 1\\ 1 & -1\end{pmatrix}$，便可求得

$A^n=P\Lambda^n P^{-1}=\frac{1}{2}\begin{pmatrix}1+3^n & 1-3^n\\ 1-3^n & 1+3^n\end{pmatrix}$.

7. 提示：$P=\begin{pmatrix}1 & -1 & 1\\ 1 & 1 & 1\\ -2 & 0 & 1\end{pmatrix}$，可得$P^{-1}AP=\Lambda=\begin{pmatrix}-1 & & \\ & 1 & \\ & & 5\end{pmatrix}$，$A=P\Lambda P^{-1}$从而可得

$\varphi(A)=A^{10}-6A^9+5A^6=P\varphi(\Lambda)P^{-1}=P(\Lambda^{10}-6\Lambda^9+5\Lambda^9)P^{-1}=2\begin{pmatrix}1 & 1 & -2\\ 1 & 1 & -2\\ -2 & -2 & 4\end{pmatrix}$.

复习题 4

1. A的特征值$\lambda_1=-1$，$\lambda_2=1$，$\lambda_3=1$；特征向量为$\begin{pmatrix}-3\\ 1\\ 0\end{pmatrix}$，$\begin{pmatrix}1\\ 0\\ 1\end{pmatrix}$.

2. A的特征值$\lambda_1=0$，$\lambda_2=6-\sqrt{42}$，$\lambda_3=6+\sqrt{42}$.

3. $\lambda_1=-1$，$\lambda_2=0$，$\lambda_3=9$；特征向量为$\begin{pmatrix}-1\\ 1\\ 0\end{pmatrix}$，$\begin{pmatrix}-1\\ -1\\ 1\end{pmatrix}$，$\begin{pmatrix}1\\ 1\\ 2\end{pmatrix}$.

4. $t=8$.

5. 当$a=-3$，$b=0$时，向量$x=(1,1,-1)$是方阵A属于特征值-1的特征向量.

6. 矩阵$P=\begin{pmatrix}0 & -1 & 1\\ -1 & 1 & 1\\ 1 & 1 & 1\end{pmatrix}$.

7. 方阵A不与对角矩阵相似.

8. $x=0$，$y=-2$.

9. $P=\begin{pmatrix}-\frac{1}{\sqrt{2}} & 0 & \frac{1}{\sqrt{2}} & 0\\ -\frac{1}{\sqrt{6}} & \sqrt{\frac{2}{3}} & -\frac{1}{\sqrt{6}} & 0\\ 0 & 0 & 0 & 1\\ \frac{1}{\sqrt{3}} & \frac{1}{\sqrt{3}} & \frac{1}{\sqrt{3}} & 0\end{pmatrix}$.

参考文献

[1] 北京大学数学系几何与代数教研室. 高等代数[M]. 2 版. 北京：高等教育出版社，2003.

[2] 吴赣昌. 线性代数[M]. 3 版. 北京：中国人民大学出版社，2012.

[3] 同济大学数学系. 线性代数[M]. 5 版. 北京：高等教育出版社，2007.

[4] 胡煜，吴立炎. 高职数学[M]. 北京：北京师范大学出版社，2014.

[5] 林金桢，叶小平. 线性代数简明教程[M]. 广州：广东科技出版社，2002.

[6] 李尚志. 线性代数[M]. 北京：高等教育出版社，2006.

[7] 王兵团. 数学实验基础[M]. 北京：清华大学出版社，2007.

[8] 赵树嫄. 线性代数[M]. 北京：中国人民大学出版社，2003.

[9] 吴传生. 经济数学——线性代数学习辅导与习题选解[M]. 北京：高等教育出版社，2010.